Fortsetzung umstehend

Moderne Wirtschaftsgestaltungen

herausgegeben von

KURT WIEDENFELD

Heft 6:

Die Organisationsbestrebungen in Stabeisen-Fabrikation und Stabeisen-Handel, ihre Bedeutung für die Gesamtorganisation der Eisenindustrie

Von

WILHELM ADLER
Doktor der Staatswissenschaften

BONN 1920
A. MARCUS UND E. WEBERS VERLAG
DR. JUR. ALBERT AHN

Die Organisationsbestrebungen in Stabeisen-Fabrikation und Stabeisen-Handel

ihre Bedeutung für die Gesamtorganisation der Eisenindustrie

Von

WILHELM ADLER
Doktor der Staatswissenschaften

BONN 1920
A. MARCUS UND E. WEBERS VERLAG
DR. JUR. ALBERT AHN

Druck: Otto Wigand'sche Buchdruckerei G. m. b. H., Leipzig

Vorwort.

Die vorliegende Arbeit ist aus dem volkswirtschaftlichen Seminar des Herrn Professor Dr. Wiedenfeld (damals an der Handels-Hochschule Köln) hervorgegangen. Im Rohbau war sie bereits vor dem Kriege fertiggestellt; aber erst nach mehr als dreijähriger Unterbrechung konnte sie wieder in Angriff genommen werden, da der Verfasser in der Zwischenzeit am Feldzuge teilnahm.

Der lebhaften Erörterung der Frage der Stabeisensyndizierung wurde durch den Ausbruch des Krieges ein vorläufiges Ziel gesetzt. Sicher aber wird nach dem Kriege die Frage wieder aufgerollt werden. Alsdann kann die vorliegende Arbeit vielleicht als Unterlage dienen.

Auf Grund einer eingehenden geschichtlichen Darstellung der Organisationsbestrebungen in Stabeisen-Fabrikation und -Handel sucht sie die wirtschaftlichen Ergebnisse und Lehren der bisherigen Entwicklung zusammenzufassen und die Möglichkeit der Lösung des Problems im Zusammenhang mit der Ausgestaltung der Gesamtorganisation der Eisenindustrie darzulegen.

Die entscheidende Bedeutung der Syndizierung von Stabeisen für den planmäßigen Ausbau des gesamten Syndikatswesens der Eisenindustrie herauszuarbeiten, wurde als eine Hauptaufgabe dieser Arbeit betrachtet.

Den Herren Professoren Wiedenfeld, Passow, Pohle und Voigt, deren Beratung ich mich bei der Abfassung der Abhandlung erfreute, spreche ich hiermit meinen Dank aus.

Ende Dezember 1917.

Der Verfasser.

Inhaltsverzeichnis.

Literaturverzeichnis.

Buchliteratur:

Berliner Jahrbuch für Handel und Industrie; abgekürzt: Berl. Jahrb.

Bonikowsky, Der Einfluß der industriellen Kartelle auf den Handel in Deutschland. Jena 1907.

Caro, Der Deutsche Walzwerksverband. Schriften des Vereins für Sozialpolitik. LX. 1894.

Gemeinfaßliche Darstellung des Eisenhüttenwesens, herausgegeben vom Verein Deutscher Eisenhüttenleute in Düsseldorf, 1912.

Heymann, Die gemischten Werke im Deutschen Großeisengewerbe. Münchener volkswirtschaftliche Studien. 65 Stück. 1904.

Kleinwaechter, Die Kartelle. Ein Beitrag zur Frage der Organisation der Volkswirtschaft. Innsbruck 1883.

Kollmann, Der Deutsche Stahlwerksverband. Eine wirtschaftliche Studie auf Grund eigener Wahrnehmungen. Moderne Zeitfragen. 1912.

Kontradiktorische Verhandlungen, Heft 5 und 10; abgekürzt: Kontradikt. Verhandl.

Leiße, Wandlungen in der Organisation der Eisenindustrie und des Eisenhandels. Schmollers Forschungen, Bd. 158, 1912.

Mannser, Der Stahlwerksverband. Wie hat er bisher gewirkt und welche Lehren sind daraus für die Neugründung zu ziehen? 1912.

Morgenroth, Die Exportpolitik der Kartelle. 1907.

A. Steinmann-Bucher, Wesen und Bedeutung der gewerblichen Kartelle. Schmollers Jahrbuch 1891; neue Folge, Bd. 15, Heft 2.

Voelcker, Die deutsche Eisen- und Stahlindustrie. Handel, Industrie und Verkehr in Einzeldarstellungen, Bd. 9.

Wiedenfeld, Das Rheinisch-Westfälische Kohlensyndikat. Bonn 1912.

Zeitschriften:

Centralblatt der Hütten- und Walzwerke, Frankfurt a. M.; abgekürzt: Ctrbl. d. H. u. W.

Centralblatt der Walzwerke, Berlin; abgekürzt: Ctrbl. d. W.

Deutsche Industriezeitung; abgekürzt: D. I. Z.

Kartell-Jahrbuch; abgekürzt: Kart.-Jahrb.

Kartell-Rundschau; abgekürzt: Kart.-Rundsch.

Stahl und Eisen.

Südwestdeutsche Industrie-Zeitung; abgekürzt: Südw. I. Z.

Mitteilungen des Verbandes Deutscher Eisenwarenhändler; abgekürzt: Mitt. d. Verb. D. Eisenwarenhändler.

Zeitungen:

Berliner Börsen-Courier; abgekürzt: B. B. C.

Berliner Lokal-Anzeiger; abgekürzt: B. L. A.

Deutsche Bergwerks-Zeitung; abgekürzt: D. Bgw. Z.

Frankfurter Zeitung; abgekürzt Frf. Z.

Kölnische Zeitung; abgekürzt: K. Z.

Kölnische Volkszeitung; abgekürzt: K. V. Z.

Rhein.-Westf. Zeitung; abgekürzt: Rh. Westf. Z.

Vossische Zeitung; abgekürzt: V. Z.

Geschäftsberichte der Unternehmungen von Eisenindustrie und -handel sowie des Stahlwerksverbandes.

Handelskammerberichte.

Sammlung des Archivs für Volkswirtschaft und Handelstechnik der Kölner Handelshochschule.

Merkblatt für die Ausfuhr von Eisen- und Stahlerzeugnissen.

Zusammenstellungen des Statistischen Bureaus des Vereins Deutscher Eisen- und Stahl-Industrieller. Berlin 1916.

Kartell-Verträge und -Entwürfe.

Erstes Kapitel.

Die allgemeinen technischen und wirtschaftlichen Grundlagen.

Zum besseren Verständnis der zu schildernden Organisationsbestrebungen in Stabeisen-Fabrikation und -Handel sei zunächst eine kurze Darlegung der allgemeinen technischen und wirtschaftlichen Grundlagen vorausgeschickt.

I. Herstellung, Verwendung und wirtschaftliche Bedeutung des Stabeisens.

Da das Eisen in gediegenem Zustande auf der Erdoberfläche nur äußerst selten vorkommt, wird es in der Regel aus den Eisenerzen in sogenannten Hochöfen erschmolzen. Durch die Beimischung von Koks und Kalk wird es von den Beimengungen befreit und zu metallischem Eisen, dem Roheisen, reduziert. Dieses Roheisen ist aber noch nicht verarbeitungsfähig, da es immerhin noch schädliche Bestandteile, wie Kohlenstoff, Schwefel, Phosphor, Silizium und Mangan enthält, die entfernt werden müssen, wenn man schmiedbares Eisen erlangen will. Dies geschieht durch den sogenannten Frischprozeß, der auf Entfernung der Nebenbestandteile des Roheisens durch Oxydation derselben beruht. Hierfür gibt es verschiedene Verfahren, je nachdem man Schweiß- oder Flußeisen herstellen will. Unter Schweißeisen versteht man Eisen, bei dessen Darstellung die Temperatur den Schmelzpunkt nicht übersteigt. Man erhält es als festen Körper in Gestalt kleiner, sehr bald zu Klumpen zusammenschweißender Kristalle. Gewonnen wird das Schweißeisen durch den sogenannten Puddelprozeß. Dieser Prozeß wird heute nur noch wenig angewandt, obwohl er hochwertiges Qualitätseisen erzeugt. Die Ursache hierfür liegt in der durch die Handarbeit bedingten Kostspieligkeit dieses Verfahrens. In neuerer Zeit ging man deshalb immer mehr zur Flußeisengewinnung über, d. h. zur Gewinnung von Eisen, bei dessen Darstellung der Schmelzpunkt überschritten wird, das sich also während des Prozesses nicht wie das Schweißeisen in einem teigigen, sondern in einem flüssigen Zustand befindet. Zur Flußeisenherstellung kann man den Birnenprozeß (Bessemer- oder Thomasprozeß) und das Siemens-Martin-Verfahren anwenden. Beim Birnenprozeß geschieht die Desoxydation des Eisens dadurch, daß das aus dem Hochofen über den Mischer direkt in die Birne gelangende Roheisen durch Windzufuhr mit der Luft innig vermischt wird. Hierdurch verbrennt das Mangan und Silizium und das Eisen wird entkohlt, d. h. von seinem überflüssigen Kohlenstoffgehalte befreit. Beim Thomasprozeß kann infolge der basischen Ausfütterung auch phosphorhaltiges Eisen angewandt werden. Er ist deshalb namentlich für Deutschland mit seinen phosphorreichen Minetteerzen von der größten Bedeutung. — Zur Erzeugung von Qualitätsflußeisen, das dem Schweißeisen vollkommen gleichwertig ist, dient das Siemens-Martin-Verfahren, bei welchem Roheisen im Verein mit Eisenabfällen, dem sogenannten Schrott, verarbeitet werden kann. Wesentlich für dieses Verfahren ist die Erzeugung des Generatorgases, das ermöglicht, durch Zusammenschmelzen von Roheisen mit Schmiedeeisenabfällen Stahl herzustellen, was bei den früheren Feuerungen nicht möglich war. Neuerdings geschieht die Herstellung von Stahl auch auf elektrischem Wege durch das Elektrostahlverfahren. Um dem aus vorbeschriebenen Prozessen hervorgegangenen schmiedbaren Eisen die Form des Stabeisens, d. h. eines Schmiedeeisens in Stabform von gleichmäßigem Querschnitt, zu geben, wird es der mechanischen Bearbeitung im Walzwerk unterworfen. Die aus dem Stahlwerke kommenden glühenden Blöcke werden durch die immer enger werdenden Öffnungen der Walzstraßen so lange hindurchgepreßt, bis sie die verlangte Form haben. Zur Herstellung des Stabeisens, das man je nach seinem Querschnitt (über oder unter 7 qcm) in Grob- und Feineisen einteilt, verwendet man gefurchte (kalibrierte) Walzen. Der Walzstab wird durch eine Reihe von Öffnungen (Kaliber), die von den beiden Walzmänteln ganz oder teilweise umschlossen sind, hindurchgezogen, wobei er gleichzeitig deren Querschnitt annimmt. Neuerdings kommen bei der Stabeisenfabrikation die sogenannten kontinuierlichen Walzwerke in Anwendung, bei denen die Walzgerüste nicht mehr nebeneinander, sondern hintereinander angebracht sind, so daß der Walzblock nur eine längere Walzenstraße passieren muß, um in seiner Endform die Maschine zu verlassen. Je nach der Form des Querschnitts kann man nun das Stabeisen zu Quadrat-, Rund-, Flach-, Universal-, Bandeisen, Röhrenstreifen, Weichenplatten usw. auswalzen.

Das so gewonnene Stabeisen ist das Halbfabrikat für die verschiedensten Erzeugnisse der Verfeinerungsindustrie, vorzüglich der Kleineisenindustrie und der Schlosserei; es dient ferner zur Anfertigung leichter Eisenkonstruktionen und findet in letzter Zeit auch im Betonbau vielfach Verwendung.

Zur Veranschaulichung des Herstellungs-Verlaufes diene noch vorstehende Übersicht.

Durch die erwähnte mannigfache Verwendbarkeit des Stabeisens ist die hervorragende wirtschaftliche Bedeutung der Stabeisenindustrie ohne weiteres gegeben. Tatsächlich ist Stabeisen dasjenige Produkt, das von allen Walzfabrikaten die größte Erzeugungsziffer aufweist, wie die folgende Aufstellung beweist [1]:

Die Erzeugung in Walzfabrikaten während der Jahre 1911—1915.
(In Millionen Tonnen.)

Walzfabrikate	1911	1912	1913	1914	1915
Halbfabrikate (vorgewalzte Blöcke, Platinen usw.) z. Absatz bestimmt	2,72	2,91	2,38	1,72	1,39
Eisenbahnoberbaumaterial (Schienen, Schwellen, Laschen, Unterlagsplatten und Kleineisenzeug)	1,71	1,93	2,35	1,79	1,34
Träger (Formeisen von 80 mm Höhe und darüber)	1,51	1,69	1,28	0,96	0,61
Stabeisen (und sonstiges Formeisen unter 80 mm Höhe, Universaleisen)	**3,47**	**4,03**	**4,20**	**3,32**	**3,09**
Bandeisen	0,31	0,37	0,39	0,36	0,26
Walzdraht	0,94	1,04	1,11	0,87	0,69
Grobbleche (Bleche und Platten von 5 mm oder darüber)	0,95	1,16	1,41	1,17	0,97
Feinbleche (in der Stärke von weniger als 5 mm)	0,78	0,87	0,89	0,74	0,63
Weißblech	0,06	0,07	0,08	0,09	0,09
Röhren	0,46	0,65	0,75	0,61	0,46
Rollendes Eisenb.-Material (Achsen, Räder usw.)	0,29	0,35	0,37	0,28	0,19
Schmiedestücke	0,12	0,21	0,21	0,19	0,24
Andere Fertigfabrikate	0,15	0,14	0,18	0,16	0,48
Insgesamt	**13,47**	**15,42**	**15,60**	**12,26**	**10,44**

1) Nach einer Zusammenstellung des Statistischen Bureaus des Vereins Deutscher Eisen- und Stahl-Industrieller. Berlin 1916.

II. Beteiligung der einzelnen Bezirke und Werke an der deutschen Stabeisenerzeugung; die Absatzverhältnisse und der Stabeisenhandel.

In welchem Maße sind nun die einzelnen Eisenbezirke und Werke an der deutschen Stabeisenerzeugung beteiligt?

Die Antwort hierauf geben die beiden folgenden Zusammenstellungen:

Erzeugung der Eisenbezirke Deutschlands an Stabeisen [1]).
(In Tonnen.)

Bezirk	1913	1914	1915
Rheinland und Westfalen	2 330 344	1 920 453	1 947 402
Schlesien	349 953	313 482	289 291
Siegerland, Kr. Wetzlar und Hessen-Nassau	74 234	55 679	50 108
Nord- und Mitteldeutschland . . .	210 236	159 885	131 413
Königreich Sachsen	124 417	100 098	84 542
Süddeutschland	80 791	67 610	65 632
Saargebiet und bayr. Rheinpfalz .	482 213	297 498	236 241
Elsaß-Lothringen	552 957	401 708	288 877
Luxemburg	224 337	220 137	235 175
Zusammen	4 229 558	3 536 901	3 328 685
Anzahl der Betriebe	79	78	83

Beteiligung der einzelnen Werke an der Stabeisenerzeugung.

Werke [2]).	Erzeugung in Tonnen	Proz.
1. Gewerkschaft Deutscher Kaiser, Bruckhausen, und Thyssen & Co., Mülheim a. d. Ruhr . .	377 325	10,8428
2. Phönix, A.-G. für Bergbau und Hüttenbetrieb, Hörde i. W.	255 487	7,3417
3. Deutsch-Luxemburg. Bergw. u. Hütten-A.-G. Differdingen	240 000	6,8966
	872 812	25,0811

1) Zusammenstellung des Statistischen Bureaus des Vereins Deutscher Eisen- und Stahl-Industrieller. Berlin 1916. — Die aufgeführten Zahlen gelten für „Stabeisen und sonstiges Formeisen (unter 80 mm Höhe, Universaleisen)".

2) Zusammengestellt nach den bei Leiße, S. 158 gegebenen Zahlen über die Beteiligung der einzelnen Mitglieder des Stahlwerksverbandes nach dem Stande vom 1. April 1911.

Werke	Erzeugung in Tonnen	Proz.
Übertrag:	872 812	25,0811
4. Krupp, Aktiengesellschaft, Essen	219 060	6,2949
5. Oberschles. Eisenbahn-Bedarfs-Ges., Zawadzki	217 000	6,2357
6. Les Petits Fils de Fois de Wendel & Co., Hayingen	215 500	6,1626
7. Eisen- u. Stahlwerk Hoesch, A.-G., Dortmund	205 024	5,8916
8. Gelsenkirch. Bergw.-A.-G., Aachen Rothe-Erde	162 000	4,6552
9. Rombacher Hüttenwerke, Rombach	134 000	3,8506
10. Gebr. Stumm G. m. b. H., Neunkirchen a/Saar	133 148	3,8261
11. Akt.-Ges. Peiner Walzwerk, Peine	132 390	3,8044
12. Luxemburg. Bergw. u. Saarbrückener Eisenhütten-A.-G., Burbacherhütte	128 201	3,6839
13. Rheinische Stahlwerke, Duisburg-Meiderich .	120 000	3,4483
14. Ver. Königs- u. Laurahütte, A.-G. f. Bergbau u. Hüttenbetrieb, Oberschlesien	120 000	3,4483
15. Röchling'sche Eisen- u. Stahlwerke, G. m. b. H., Völklingen a. d. Saar	118 936	3,4177
16. Gutehoffnungshütte, Akt.-Ver. f. Bergbau u. Hüttenbetrieb, Oberhausen	114 919	3,3023
17. Lothring. Hüttenverein, Aumetz-Friede, Kneuttingen	80 000	2,2989
18. Eisenwerks-Ges. Maximilianshütte, Zwickau u. Haidhof	75 852	2,1797
19. Westfälische Stahlwerke, Bochum	73 300	2,1063
20. Georgs-Marien-Bergwerks- und Hüttenverein A.-G., Osnabrück	72 500	2,0834
21. Hasper Eisen- u. Stahlwerk, Haspe i. W. . .	69 085	1,9852
22. Rümelinger u. St. Ingberter Hochöfen u. Stahlwerke A.-G., St. Ingbert (Pfalz)	62 690	1,8015
23. Ver. Stahlwerke v. d. Zypen u. Wissener Eisenhütten A.-G., Cöln-Deutz	42 893	1,2326
24. Sächs. Gußstahlfabrik Döhlen, Deuben (Bez. Dresden)	37 094	1,0659
25. Bochumer Verein f. Bergbau u. Gußstahlfabrikation, Bochum	27 562	0,7920
26. Aktiengesellschaft der Dillinger Hüttenwerke, Dillingen a. d. Saar	20 000	0,5747
27. Eisenhütten Akt.-Verein, Düdelingen	26 000	0,7471
Insgesamt:	3 479 966	100,0000

Diese Stabeisenerzeugung findet ihren **Absatz** vornehmlich im Inland. Aber auch die Ausfuhr war vor dem Kriege nicht unbedeutend, da etwa $^1/_5$ der gesamten Erzeugung ins Ausland ging. Die hauptsächlichsten ausländischen Absatzgebiete waren Großbritannien, Holland, die Schweiz, Japan und Argentinien.

Innerhalb des deutschen Zollgebietes vollzieht sich der Absatz von Stabeisen an die **kleineren Abnehmer** (Baufirmen, Schlosser, Schmiede usw.) nicht unmittelbar vom Erzeuger an den Verbraucher, sondern in der Regel hat sich als vermittelndes Zwischenglied der **Stabeisenhandel**, der die räumliche und zeitliche Verteilung der Stabeisenerzeugung vornimmt, dazwischengeschoben. Bis zu Anfang der 70er Jahre des vorigen Jahrhunderts wurden von den größeren Eisenhandelsfirmen stets neben Stabeisen, Formeisen und Draht auch Kleineisenwaren und Haushaltungsgegenstände geführt[3]); von diesem Zeitpunkte an aber machte sich als Folgeerscheinung der zunehmenden Ausdehnung und Differenzierung von Eisenproduktion und -bedarf eine weitgehende Spezialisationstendenz geltend. Nur der Vertrieb von Stabeisen und Formeisen geschieht wegen ihrer gleichen Absatzbedingungen zumeist gemeinsam durch die gleiche Firma. Zum Mittelpunkt des deutschen Stabeisenhandels wurde Berlin. Hier war der Sitz des großen Ravenékonzerns, der **Deutschen Eisenhandel-A.-G.**, in der eine große Anzahl äußerlich selbständig erscheinender Handelsfirmen vereinigt sind. Insbesondere hat die Deutsche Eisenhandel A.-G. neuerdings den Absatz der Produktion eines großen Teiles der oberschlesischen Werke für das weitverzweigte ost- und mitteldeutsche Gebiet übernommen[4]), da es für diese außerordentlich schwierig wäre, eine sich bis in die kleinsten Städte erstreckende Verkaufsorganisation einzurichten. Im Zusammenhang damit haben die größeren Eisenhandelskonzerne Einfluß auf die Fabrikationsunternehmungen zu gewinnen gesucht. Diese Erscheinung bildet das Gegenstück zu den sogenannten „Werksfirmen", die

---

3) D. Bergw.-Z. vom 28. Dez. 1912.
4) Vgl. K. Z. vom 15. Nov. 1917.

dadurch entstanden, daß manche Stahlwerke dazu übergingen, sich Handelsfirmen anzugliedern, um beim Absatz ihrer Erzeugnisse nicht auf Verbände angewiesen zu sein.

Auf diese Weise fand in neuerer Zeit wieder eine Annäherung von Handel und Erzeugung statt, wodurch der Handel immer enger mit dem Schicksal und der Entwicklung der Werke verknüpft wurde.

III. Die Umwälzungen in der neueren Zeit und die treibenden Kräfte der Organisationsbestrebungen.

In der neueren Zeit haben sich nun die Lebensbedingungen der Werke von Grund auf verschoben. Will man die Organisationsbestrebungen verstehen, so muß man sich diese Umwälzungen vergegenwärtigen und die treibenden Kräfte zu kennzeichnen suchen, welche den Anstoß zu den Organisationsbestrebungen auch in Stabeisenindustrie und -handel gaben und später, trotz aller auftauchenden Schwierigkeiten, den Organisationsgedanken immer wieder erneut aufleben ließen.

Die Endursache all' der durchgreifenden Wandlungen der Eisenindustrie wurzelt in der außerordentlichen Zunahme des Eisenbedarfs Deutschlands in den letzten Jahrzehnten. Diese Zunahme findet ihre Erklärung in dem allgemeinen wirtschaftlich-kulturellen Aufschwung und der starken Bevölkerungszunahme des Deutschen Reiches, sowie in der steigenden Verwendbarkeit des Eisens in der neueren Zeit[1]. — Hand in Hand mit dieser Entwicklung ging eine vollständige Umwälzung in der Produktionstechnik. Früh schon (1800) war man von der teueren Holzkohlenfeuerung zur Kohlenfeuerung übergegangen, früh schon war auch die Wasserkraft durch die Dampfmaschine und andere Arbeiter und Arbeit sparenden Maschinen ersetzt worden. Die eigentliche Entwicklung zum Großbetriebe erfolgte aber erst infolge Anwendung des Bes-

1) Zahlenangaben für diese sattsam bekannte und oft genug im einzelnen geschilderte Entwicklung finden sich u. a. im II. Teil der „Gem. Darst. d. Eisenhüttenwesens“.

semer-, Thomas- und Siemens-Martin-Verfahrens. Namentlich das Thomasverfahren, das in Deutschland wegen der Verwertungsmöglichkeit der in großer Menge vorhandenen, früher wertlosen phosphorhaltigen Minetteerze solch hervorragende Bedeutung erlangte, ließ jene kombinierten Riesenunternehmungen entstehen, welche der modernen Großeisenindustrie das Gepräge geben. Nur diese waren imstande, mit Hilfe ihrer Massenproduktion den gesteigerten Eisenbedarf zu befriedigen. — Durch die Ausgestaltung des Verkehrswesens wurde dann gleichzeitig eine Ausdehnung des Absatzmarktes und eine weitere Erhöhung des Bedarfs an Eisen- und Stahlerzeugnissen bewirkt.

Der Absatzmarkt erweiterte sich immer mehr; Kapital floß nach dem glücklichen Kriege von 1870/71 der deutschen Eisenindustrie in überreichem Maße zu; zu immer neuen Betriebsvergrößerungen drängten die Konkurrenz und das Gesetz von den abnehmenden Gestehungskosten bei Massenfabrikation. Die ständige Vergrößerung der Betriebsanlagen einerseits und die zunehmende Unübersichtlichkeit des Marktes anderseits führten bald zu einem Mißverhältnis zwischen der Produktionsfähigkeit der Werke und der Aufnahmefähigkeit des Marktes, wodurch die für die moderne Volkswirtschaft charakteristischen periodischen Krisen ausgelöst wurden. Die notwendige Wiederanpassung des Angebots an die Nachfrage konnte bei Bestehen des freien Wettbewerbs nur gewaltsam vor sich gehen. Im Kampfe um den Absatz unterboten sich die Werke gegenseitig; die jeweils schwächeren Betriebe wurden entweder stillgelegt oder von den jeweils stärkeren Unternehmungen aufgesaugt.

Diesen privat- wie volkswirtschaftlich unerwünschten Zustand war man nun durch Organisation der Erzeugung und des Absatzes auf die verschiedenste Weise zu beseitigen bestrebt.

IV. Die Organisationsformen.

Einen ersten Schritt in dieser Richtung bedeutete schon die steigende Anwendung der Form der Aktiengesellschaft. Nicht mehr wählte man diese, wie im Anfang, vornehmlich deshalb, um die vom modernen Riesenbetrieb geforderten großen Kapitalien überhaupt aufzubringen, als vielmehr vielfach aus dem Grunde, um das wachsende Risiko des Kapitalverlustes von dem Einzelunternehmer auf eine Anzahl von Aktionären zu verteilen. Auf diese Weise erreichte man, daß sich der etwaige Verlustanteil für den Einzelnen erträglicher gestaltete.

Selbstverständlich wurde durch die Verteilung auf mehrere der Kapitalverlust an sich nicht verringert. Dieses Ziel konnte man aber erreichen durch die sogenannte Betriebs- und Unternehmungskombination. In den „kombinierten“ Werken, die in der Geschichte der Organisationsbestrebungen eine solch' bedeutsame Rolle spielten, sind bekanntlich im Gegensatz zu den „reinen“ Werken mehrere Produktionsstufen in fortlaufender Reihe oder mehrere nebeneinander herlaufende Betriebe der gleichen Produktionsstufe vereinigt [1]). Abgesehen von den sonstigen Vorzügen dieser kombinierten Werke, interessiert uns in diesem Zusammenhang insbesondere ihre Anpassungsfähigkeit an die Schwankungen des Marktes. Das kombinierte Werk ist nämlich gegen Konjunkturschwankungen in nicht unwesentlichem Maße geschützt, und zwar nach dem Prinzip des Risikoausgleichs durch die Produktion und den Absatz nicht eines, sondern vieler Artikel, auf dem sich ja auch der Detailhandel in seiner vollendetsten Form, dem Warenhaus, aufbaut. Sind mehrere nebeneinander herlaufende Betriebe der gleichen Produktionsstufe vereinigt, so wird das Werk z. B. je nach der wirtschaftlichen Lage des einzelnen Zweiges entweder Bleche oder Träger, oder Stabeisen oder Schienen usw. in höherem Maße auswalzen, je nachdem es ihm nach der Marktlage am lohnendsten erscheint. Ist ein Werk an mehreren oder allen Produktionsstufen beteiligt, so kann es ebenfalls den Betrieb in demjenigen Produktionsstadium am meisten ausdehnen, das nach der Lage der Konjunktur die

---

1) Man unterscheidet gewöhnlich „vertikal“ und „horizontal“ kombinierte Werke, doch scheint mir diese Terminologie nicht besonders glücklich zu sein.

meisten Aussichten bietet, sei es nun z. B. Roheisen, Halbzeug oder Fertigfabrikate. Meist wirkt nämlich der Rückgang in einem Zweige der Eisenindustrie nicht sogleich auch auf die Preise der anderen Produkte. Allerdings stellen sich von einer gewissen Stufe ab wirtschaftlich-technische Nachteile in den Weg, da die konstanten Kosten durch die große Zahl der Betriebe und deren etwaige Stillegung oder mangelhafte Ausnützung unmäßig erhöht werden können. Soviel aber ist sicher: Ein kombiniertes Werk gewinnt zwar niemals soviel wie der jeweils von der Konjunktur am meisten begünstigte Betrieb, verliert dafür aber auch niemals soviel wie der jeweils am schlechtesten rentierende Betrieb; es findet eben ein Risikoausgleich, eine „Rentabilitätsversicherung“ [2]) statt. Daß diese Ausgleichungstendenz aber für die moderne Volkswirtschaft von höchster Bedeutung ist, ist unverkennbar.

Immerhin vermochten auch die großen gemischten Werke die Wellen der steigenden und fallenden Konjunktur keineswegs völlig zu glätten, da sie wohl partielle Konjunkturschwankungen auszugleichen vermögen, nicht aber Krisen gewachsen sind, welche die Industrie in ihrer Gesamtheit erfassen, wie die Depression nach 1873 und die Krise von 1900. Zwar suchten die Werke sich gegen die Wechselschläge der Konjunktur und die Unberechenbarkeit des Marktes dadurch zu sichern, daß sie in guten Zeiten nur eine verhältnismäßig geringe Dividende verteilten und den Überschuß zur inneren Festigung durch Schaffung stiller Reserven verwandten. Nahten schlechte Zeiten, so konnten sie trotzdem die gleiche Dividende bezahlen wie vorher und sich von dem ihnen unerwünschten Einfluß der Banken freihalten. In diesem Streben nach gleichmäßiger Dividende fanden sie eine wirksame Stütze in jener weitaus wichtigsten und durchgreifendsten Organisationsform, die durch Zusammenschluß der Unternehmer zum Zwecke gemeinsamer Regelung von Erzeugung und Absatz höhere und stetigere Preise garantieren sollte: den Kartellen.

2) Heymann, von dem dieser Ausdruck stammt, hat m. W. als erster diese Zusammenhänge genauer untersucht.

Die Möglichkeit der Entstehung solcher Kartelle ist aber nun noch nicht ohne weiteres dadurch gegeben, daß der Wille zu gemeinsamem Vorgehen bei der Mehrzahl der Unternehmer vorhanden ist, sondern sie ist bekanntlich noch an gewisse Voraussetzungen geknüpft, die je nach dem zu kartellierenden Produkt und je nach der Form und dem Grade der Festigkeit des zu bildenden Kartells verschieden sind. Die Bedingungen für die Erfüllung dieser Voraussetzungen haben sich in der Stabeisenindustrie im Laufe der Zeit vielfach verschoben und sind deshalb zweckmäßig später zu erörtern. Zuvor sei ein Bild von der Geschichte der Organisationsbestrebungen in Stabeisen-Fabrikation und -Handel im Zusammenhang mit der Gesamtorganisation der Eisenindustrie entworfen.

Erster Abschnitt.

Die Geschichte der Organisationsbestrebungen in Stabeisenfabrikation und -handel und die Versuche zur Syndizierung der B-Produkte.

Zweites Kapitel.

Die Geschichte der Kartellierungsversuche der Produzenten.

I. Die Anfänge der Kartellbewegung und der Allgemeine Deutsche Walzwerksverband.

Ende der 70er Jahre des vorigen Jahrhunderts, als man durch Einführung der Schutzzölle (1879) die deutsche Eisenindustrie gegenüber der ausländischen Konkurrenz zu schützen bestrebt war, setzten auch recht eigentlich die Versuche ein, den Konkurrenzkampf unter den Unternehmern im Inlande zu beseitigen. Auch in der Stabeisenindustrie gewann in dieser Zeit der Kartellierungsgedanke an Bedeutung. Von den ersten Versuchen in dieser Richtung berichtet 1881 der „Berg- und Hüttenmann“ [1]) folgendes: „Bei den Versuchen der Stabeisenwalzwerke vor zwei Jahren (also 1879), eine Konvention ins Leben zu rufen, wurde der Kartellpreis für Stabeisen auf 120 Mk. fixiert und allen Kunden schon von den Werken angezeigt. Die Konvention scheiterte jedoch bei dem guten Willen einiger an den Sonderinteressen anderer, und die freie Konkurrenz übte nun das Recht der Preisfreiheit in doppelt arger Weise aus und es entstand ein Schleuderwesen, wie man es vor den Versuchen der Konvention nicht gekannt hatte.“

Wenn nun auch diese Versuche, eine Stabeisenvereinigung zu bilden, gleich so vielen andern nachher, im Sande verlaufen

---

1) Berg- und Hüttenmann (Wien u. Berlin) vom 19. Mai 1881, Nr. 408, zitiert bei Kleinwächter, S. 157.

waren, so drängte die schlechte wirtschaftliche Lage der Stabeisenindustrie doch immer mehr zu der Einsicht, daß eine Stabeisenkartellierung unumgänglich sei. Ja, damals tauchte sogar der großzügige Plan auf, die ganze deutsche Walzwerksindustrie, soweit sie nicht bereits — wie Schienen, Röhren und Träger — in eigenen Verbänden kartelliert waren, in einem einzigen Generalkartell, dem Verband Deutscher Walzeisenwerke, zusammenzufassen. Der Statutenentwurf [2]) hierzu entstand 1885 unter Mitwirkung hervorragender Industrieller wie Thyssen und Adolf Kirdorf. Er zeigt bereits eine sehr fein durchgebildete, dem heutigen Stahlwerksverbande ähnliche Organisation und ist deshalb im Anhang (Anlage 1) wiedergegeben. Nach diesem Entwurf sollte der Verband deutscher Walzeisenwerke mit dem Domizil in Berlin gegründet werden, „um eine unsolide Konkurrenz zu verhindern, die Produktion der .... Fabrikate mit der Aufnahmefähigkeit des inländischen Marktes in Einklang zu bringen und dadurch mittelbar für dieselben einen reellen Verkaufspreis zu erzielen ..." (§ 1). Bemerkenswert an dem Entwurfe ist, daß nur die inländische Walzwerksproduktion geregelt (§ 16) und daß der Selbstverbrauch der Werke an den kartellierten Produkten, soweit diese zur Verarbeitung von Waren, zum Verkauf an Dritte bestimmt waren, bei der Beteiligungsziffer angerechnet werden sollte (§ 14). Der Verband selbst sollte sich aus folgenden vier Unterverbänden (Gruppen) zusammensetzen (§ 7): Rheinisch-westfälische, Süddeutsche, Ostdeutsche und Mitteldeutsche Gruppe. — Der Verband Deutscher Walzeisenwerke kam zwar 1885 nicht zustande, sein Statutenentwurf bildete aber das Muster für mehrere, bald darauf entstehende Kartelle einzelner Zweige der Walzwerksindustrie und vor allen Dingen für den am 15. Oktober 1887 gegründeten wichtigen Deutschen Walzwerksverband, der ja auch eine Zusammenfassung einzelner lokaler Gruppenverbände darstellte. In diesem Verband war vornehmlich die Erzeugung von Stabeisen als des wichtigsten Walzeisenfabri-

---

2) Der Entwurf ist wiedergegeben bei Heymann im Anhang.

kates kartelliert. Ziemlich früh war das eigentliche Fundament, auf dem sich später der Deutsche Walzwerksverband aufbaute, in dem „gelobten Lande der Kartelle", in Oberschlesien, gelegt worden. Hier hatte von Anfang an die Kartellidee leichten Eingang gefunden, weil die schwierigen Produktions- und Absatzverhältnisse der schlesischen Eisenindustrie zum Zusammenschluß drängten, der durch die verhältnismäßige Gleichheit der wirtschaftlichen Lage der einzelnen Werke und die soziale Gleichartigkeit der Unternehmerschicht wesentlich erleichtert und begünstigt wurde. Schon zu Beginn der 80er Jahre hatten sich hier die Walzwerke zu losen Konventionen zusammengefunden, bis 1886 die beiden bis dahin sich scharf bekämpfenden Feineisenwerke, die Herminenhütte und die Bismarckhütte, eine feste Verkaufsvereinigung bildeten, der sich bald die Oberschlesische Eisenbahnbedarfs-Akt.-Ges., Friedenshütte bei Morgenroth, die Bethlen-Falvahütte und die Konsolidierte Redenhütte, Zabrze, anschlossen [3]). Der Verkauf der Produktion dieser Werke geschah einheitlich durch ein Verkaufsbureau vereinigter schlesischer Walzwerke in Gleiwitz. Als nach dieser Vereinigung der Konkurrenzkampf zwischen Verbands- und Außerverbandswerken nur noch schärfere Formen annahm, erfolgte am 18. April 1887 die endgültige Begründung des Verbandes oberschlesischer Walzwerke, dem alle oberschlesischen Walzwerke, einschließlich des größten Walzeisenwerkes, Vereinigte Königs- und Laurahütte, unter alleinigem Ausschluß des hauptsächlich auf eigenen Bedarf und auf Qualität arbeitenden Borsigwerkes angehörten. Die in Berlin errichtete Verkaufsstelle besorgte nicht nur den Inlands-, sondern auch den Auslandsabsatz der Produktion der Verbandswerke und verteilte den Erlös nach deren Beteiligungsziffer an der gesamten Jahresproduktion. — Weit schwieriger war es, die unter ganz ungleichen Bedingungen produzierenden rheinisch-westfälischen Stabeisenfabrikanten zu vereinen. Doch gelang es schließlich am

---

3) Vgl. hierzu und zum folgenden: Caro, Heymann (S. 191 ff.), sowie die Geschäftsberichte der betreffenden Firmen aus dieser Zeit.

25. Juni 1887, 16 Walzeisenwerke zum Rheinisch-westfälischen Walzwerksverbande zusammenzuschließen, der im wesentlichen ein Analogon zu dem oberschlesischen Verbande war — jedoch mit einer wichtigen, folgenreichen Ausnahme: der Rheinisch-westfälische Verband umfaßte, was bei der geographischen Lage der Werke Rheinlands und Westfalens besonders wichtig ist, nur den Absatz auf dem deutschen Markte unter Ausschluß der Ausfuhr. — Nach dem Zustandekommen des Rheinisch-westfälischen Verbanden standen der Bildung eines allgemeinen Walzwerksverbandes kaum noch wesentliche Hindernisse im Wege. Schnell waren jetzt die Organisationsfragen und die Verhandlungen über die Anteilquoten der einzelnen Gruppen erledigt, und am 15. Oktober 1887 schlossen sich die rheinisch-westfälischen, oberschlesischen und mitteldeutschen Gruppen zum Deutschen Walzwerksverband zusammen. Der Vertrag trat vom 1. Januar 1888 ab, unkündbar auf die Dauer von 3 Jahren, in Kraft. Dem Verbande schloß sich kurz nach der Gründung auch noch eine süddeutsche Gruppe, der sich eine Konvention der Saar- und Moselwerke angegliedert hatte, mit 11 Firmen an. 1888 umfaßte der Verband mit insgesamt 39 Werken die ganze deutsche Walzwerksindustrie, wenigstens soweit der deutsche Markt in Betracht kam. Jeder von den einzelnen Gruppen lag zunächst die Versorgung ihres eigenen Gebietes ob, wo sie gegen den Absatz der anderen Gruppen durch den Verbandsvertrag geschützt war. Die deutschen Gegenden ohne eigene Eisenindustrie galten als gemeinschaftliches Absatzgebiet aller Gruppen. Zur Ausschaltung der ausländischen Außerverbandskonkurrenz wurden die Preise derart festgesetzt, daß ein Import nach den für die Zufuhr vom Auslande günstig gelegenen Plätzen unmöglich wurde und der Zoll auf Stabeisen voll zur Geltung kam. Um zu verhindern, daß die Walzeisen verarbeitenden Fabriken sich eigene Walzwerke gründeten und dadurch dem Verbande Konkurrenz gemacht hätten, oder daß sie den Betrieb wegen ungenügender Rentabilität einstellten, wurden billigere Ausnahmepreise für die Weiterverarbeitungsindustrien nach Bedürfnis festgesetzt. Auch

den Großhändlern, mit denen der Verband vornehmlich wegen der dadurch erleichterten Marktübersichtlichkeit verkehrte, wurden als Entschädigung für das Halten von außerordentlich reich assortierten Lagern „Lagerbonifikationen“ gewährt — jedoch nur bei „ausschließlichem Verbandsverkehr“.

Man sieht: der Deutsche Walzwerksverband besaß bereits eine sehr gut ausgebaute Organisation. Wie stand es aber mit der Preispolitik des Verbandes? Heymann behauptet, daß der Deutsche Walzwerksverband während seines sechsjährigen Bestehens das Stabeisengeschäft an der Ruhr für ein Jahrzehnt ruiniert habe, weil der hohe Gewinn der Verbandswerke neue Konkurrenz angelockt habe. Demgegenüber stellt Steinmann-Bucher [4]) ebenso wie die Zeitschrift Stahl und Eisen [5]) die Preispolitik des Deutschen Walzwerksverbandes wegen ihrer maßhaltenden Weitsichtigkeit als musterhaft hin. — In Stabeisen war die Preisbewegung während der einzelnen Monate für die Jahre 1886—1893 folgende [6]):

	1886 Mk.	1887 Mk.	1888 Mk.	1889 Mk.	1890 Mk.	1891 Mk.	1892 Mk.	1893 Mk.
Januar	100—103	103—140	122—150	125—127	195—200	140	117—120	122,5
Februar	97—103	105—110	122—127	124—130	200	140	117—120	122,5
März	95—100	105—110	122—127	130,50	200	140	117—120	122,5
April	95—98	110	122—127	130,5	200	140	112—115	122,5
Mai	93—98	110	125—127	130,5	180	140	112—115	122,5
Juni	92—95	110	125—127	140	180	140	112—115	107,5
Juli	90—95	112	125—127	140	165	140	117,5	110
August	90—95	115—118	125—127	140—145	165	140	117,5	110—105
September	89—95	115—118	125—127	147,5	140	135	122,5	110—105
Oktober	89—95	115—118	125—127	155—162	130	135	117,5	105
November	89—95	115—125	125—127	155—162	130—135	135	117,5	100
Dezember	92—100	122,5	125—127	187—200	135	135	122,5	100

4) A. Steinmann-Bucher, S. 171/73.

5) Vgl. die Marktberichte in Stahl u. Eisen, insbesondere April 1890.

6) Die Zahlen stammen bis für das Jahr 1890 einschl. aus dem erwähnten Aufsatz von Steinmann-Bucher; von 1891 ab ist Stahl u. Eisen die Quelle.

Die Preise im Jahre 1886 zeigen deutlich, daß der Gedanke der Syndizierung des Stabeisens aus der tatsächlichen Notlage der Unternehmer heraus geboren war. 1887 beginnen die Preise bereits anzuziehen; der Einfluß der Verbandsverhandlungen macht sich bemerkbar; die Händler wollen sich bei der zu erwartenden Erhöhung der Preise durch den Verband noch zu den niedrigen Preisen der syndikatslosen Zeit eindecken. Mit dem Jahre 1888 setzt dann die Verbandstätigkeit ein. Die Folge ist eine mäßige Erhöhung und eine Vergleichmäßigung der Stabeisenpreise — offenbar eine äußerst günstige Wirkung, sowohl auf die Stabeisen**produzenten** als auch auf die **Verarbeiter**, die ja nicht so sehr ein Interesse an der absoluten Höhe als vielmehr an möglichster Gleichmäßigkeit der Preise ihres Rohmaterials haben. Die gleichen Preise bleiben während des ersten Semesters des Jahres 1889 bestehen. Gestört wird diese ruhige Preisentwicklung im Mai durch den großen Bergarbeiter-Streik. Nach der durch ihn herbeigeführten Arbeitsunterbrechung wird die Nachfrage neu belebt mit dem Ergebnis, daß die Preise sich immer höher schrauben, zumal die Selbstkosten durch die Erhöhung der Arbeitslöhne und Rohmaterialpreise sich ebenfalls erhöht haben. Das Steigen der Kohlenpreise und die zahlreich einlaufenden Aufträge vom Ausland [7]) drängen den Verband, — wenn auch nur zögernd — den Marktpreisen, die auf eine außerordentliche Höhe emporgeschnellt sind, zu folgen. 1890 klimmt der Stabeisenpreis bis auf 200 Mark! Hier scheint der Verband mit den Preisen doch zu hoch gegangen zu sein. Denn von nun an dringt im verstärkten Maße ausländisches Walzeisen ein [8]), und im zweiten Semester des Jahres 1890 fallen die Preise ebenso schnell, wie sie vorher gestiegen waren. Außer der Zunahme der ausländischen Stabeiseneinfuhr trug aber noch ein anderer Umstand zu der plötzlichen Senkung der Verbandpreise bei: der

---

7) Vgl. hierzu die Monats-Marktberichte in Stahl u. Eisen aus dieser Zeit.

8) Nach der Jahresstatistik in **Stahl u. Eisen** stieg die Einfuhr in schmiedbarem Eisen in Stäben von 17 850 t im Jahre 1888 auf 22 365 t im Jahre 1889 und auf 28 941 t im Jahre 1890.

hohe Gewinn der Stabeisenwerke hatte neue Konkurrenz angelockt, die nach der Entspannung des Marktes infolge vergrößerten Angebots die Preise drücken und dem Verbande einen empfindlichen Wettbewerb bereiten mußten. Auch gingen manche Drahtwalzwerke, für die kein Syndikat bestand und deren Verdienst infolge der stockenden Ausfuhr sehr gering war, dazu über, die bislang mit der Fabrikation von Walzdraht beschäftigten Walzstraßen auf die Erzeugung von Stabeisen einzurichten. Namentlich in der rheinisch-westfälischen Gruppe traten diese Erscheinungen zutage. Die Gewerkschaft Deutscher Kaiser legte sich ein neues Martinstahlwerk an und vermehrte ihre Stabeisenproduktion; die Westfälischen Stahlwerke wurden damals neu gegründet [9]). Auch in Oberschlesien zeigte sich die gleiche Tendenz. Hier baute 1890 die Firma S. Huldschinsky & Söhne, Gleiwitz, ein Martinswerk und ein Stabeisenwalzwerk, „um sich von dem Walzwerksverband zu emanzipieren“ [10]). Diese Außenseiter wurden die schlimmsten Feinde des Verbandes. Ihre Konkurrenz zwang ihn, zu immer niedrigeren Preisen überzugehen (vgl. die Preisentwicklung in der Tabelle von 1891—93!) und sich damit von seinem Endzweck, der doch gerade die Erzielung gewinnbringender, stetiger Preise war, immer mehr zu entfernen. Selbst wenn es ihm gelang, die neuen Werke zum Beitritt in den Verband zu zwingen, so schmälerten diese doch regelmäßig den Anteil der vorher schon zum Verbande gehörigen Werke, die dann ihrerseits unzufrieden wurden. Deshalb konnte die Auflösung des ehedem so mächtigen Deutschen Walzwerksverbandes gegen Ende 1893 kaum überraschen, nachdem der Rheinisch-Westfälische Walzwerksverband, in dessen Gebiet neue Walzeisenwerke besonders zahlreich auftraten, schon vorher aufgelöst worden war. Hier in Rheinland-Westfalen zeigten sich damals auch die divergierenden Interessen der unter ganz ungleichen Bedingungen arbeitenden gemischten und reinen Werke

---

9) Caro, S. 48.

10) Heymann, S. 193, zitiert aus Sinzheimer, Die Grenzen des fabrikmäßigen Großbetriebes.

zum ersten Male in aller Schärfe. Doch glaube ich nicht, wie Heymann, daß dies der Hauptgrund für die Auflösung war. Vielmehr scheint mir die ausschlaggebende Ursache für den Zerfall des sonst vorzüglich organisierten Verbandes — neben der Nichtkartellierung der Ausfuhr — in der Außerverbandskonkurrenz gelegen zu haben. Diese zu verhindern, war dem Verbande unmöglich, da die Errichtung von Konkurrenzwerken nur allzu leicht war. Helfen konnte hier nur eine die ganze Industrie vom Rohstoff bis zum Fertigfabrikat umfassende Kartellierung, wobei die Verbände der einzelnen Produktionsstadien Hand in Hand arbeiten — kurz: der ausschließliche Verbandsverkehr. Denn wenn ein Rohmaterialverband nur an die dem Walzwerksverband angehörigen Werke Halbzeug verkauft hätte oder ein straffer, seinen Mitgliedern genügende Rentabilität garantierender Walzdrahtverband bestanden haben würde, so wären dem Walzwerksverbande nicht so leicht die gefährlichen Außenseiter erwachsen und hätten ihn nicht in seiner Preispolitik eingeengt und unselbständig gemacht. Der Zustand des ausschließlichen Verbandsverkehrs für die ganze Eisenindustrie war und ist aber ein bislang unerreichtes Ideal. —

II. Die Zeit bis zur Gründung des Stahlwerksverbandes.

Zwar war nach dem durch die Auflösung des rheinisch-westfälischen Unterverbandes verursachten Zerfall des großen Allgemeinen Deutschen Walzwerksverbandes für Mitteldeutschland und Oberschlesien der Schlesisch-mitteldeutsche Walzwerksverband[1]) ins Leben getreten. Aber er vermochte keineswegs eine Besserung der Preise, die im Laufe des Jahres 1894 bis auf 90 Mk. pro Tonne abbröckelten, herbeizuführen, weil die scharfe Konkurrenz der westlichen Werke eine lohnende Preisstellung durch den Verband verhinderte. Da es

1) Vgl. Caro, S. 49 ff. Hier sind auch die Statuten dieses Verbandes wiedergegeben.

zu der erhofften Verständigung unter den rheinisch-westfälischen Stabeisenproduzenten nicht kam, war die Lage des Stabeisenmarktes auch 1895 noch hoffnungslos: Inlands- und Auslandsbedarf ließen immer mehr nach, die Rohmaterialpreise stiegen durch die Erstarkung der Roheisen- und Kohlenverbände und erhöhten noch die Selbstkosten für Stabeisen. Plötzlich aber — im Sommer 1895 — trat ein Umschwung der Konjunktur in der ganzen Eisenindustrie ein, der Auftakt zu jener bis 1900 dauernden glänzenden Hochkonjunktur. Auch die Lage der Stabeisenindustrie erfuhr eine Besserung, die durch die plötzlich zutage tretende Nachfrage veranlaßt und durch die neu aufgenommenen Verbandsbestrebungen wesentlich gefördert wurde. Sich zusammenzuschließen hatten namentlich die reinen Stabeisenwalzwerke allen Grund, wenn sie eine genügende Spannung aufrecht erhalten wollten zwischen ihren Fertigfabrikatspreisen und den außerordentlich hohen Halbzeugpreisen der gemischten Werke, die für die reinen Werke zugleich Lieferanten (in Halbzeug) und Konkurrenten (in Stabeisen) waren. Diese eigentümliche Lage war folgendermaßen entstanden: Früher hatten die meisten Walzwerke in ihren eigenen Puddeleien das Material, das sie zum Auswalzen zu Stabeisen usw. benötigten, die Luppen, selbst hergestellt. Aber, wie bereits angeführt, trat an die Stelle des in den Puddeleien erzeugten Schweißeisens bald das billiger herzustellende Flußeisen. Infolgedessen bildeten sich jene großen Bessemer- und Thomaswerke, die „Halbzeug", d. h. aus Bessemer-, Thomas- oder Martinflußeisen hergestellte Fabrikate erzeugten und teils an die Walzwerke ablieferten, teils in ihren eigenen Walzwerksbetrieben zu Fertigfabrikaten weiterverarbeiteten. So entstanden die g e m i s c h t e n Werke, die sich außer den Betrieben zur Herstellung von Flußeisen noch vielfach Hochofenwerke und Zechen angliederten, und andererseits die r e i n e n Walzwerke, die zwar auch noch teilweise mit Schweißeisen- und später Siemens-Martin-Betrieben verbunden waren, aber immer mehr auf den Ankauf der immer wichtiger werdenden Flußeisenblöcke angewiesen waren. Als nun im Jahre 1896 die gemischten Flußeisenwerke mit Aufträgen in Formeisen und

Trägern überschüttet wurden [2]), verarbeiteten sie ihr Halbzeug zum größten Teil selbst. Die Folge war, daß die Halbzeugpreise eine außerordentliche Steigerung erfuhren, und daß namentlich die reinen Stabeisenwalzwerke infolge der Halbzeugnot den gemischten Flußeisenwerken gegenüber, die zudem noch seit 1895 in dem mächtigen Halbzeugverbande organisiert waren, in eine äußerst nachteilige Lage gerieten, zumal die gemischten Werke ihr Stabeisen zu verhältnismäßig niedrigen Preisen anboten. Wollten die reinen Stabeisenwalzwerke also den erhöhten Selbstkosten gegenüber angemessene Preise erzielen und die anbrechende Hochkonjunktur wirklich ausnützen, so erschien die Stabeisenkartellierung unbedingt notwendig. In der Tat bildete sich um diese Zeit eine Stabeisenkonvention [3]), der es vorübergehend gelang, die Stabeisenpreise der allgemeinen Konjunktur entsprechend festzusetzen. Aber die verabredeten Preise wurden durch die Händler und außenstehenden Werke unterboten, so daß die Konvention die Preise bereits für das letzte Quartal des Jahres 1897 freigeben mußte und sich auflöste. In Oberschlesien hielt man zwar immer noch an der Hoffnung fest, daß binnen kurzem der Allgemeine Deutsche Walzwerksverband neu erstehen werde, falls nur erst die süddeutschen und besonders die westdeutschen Werke einig seien. Aber zu dieser Einigung kam es nicht: Die Bestrebungen der rheinisch-westfälischen Werke, nach der Auflösung der Stabeisenpreiskonvention ein Stabeisensyndikat zu gründen, verliefen im Sande, einmal, weil man sich über die Beteiligungsziffer nicht einigen konnte, zum andern, weil die außerordentlich gute Marktlage den Syndikatsverhandlungen wenig günstig war [4]). Die Kenntnis dieser guten Marktlage war zum Teil erst durch die Syndikatsverhandlungen selbst hervorgerufen worden. Zwecks Einschätzung der Beteiligung der einzelnen Werke bei dem zu

2) Vgl. Bericht der Handelskammer Hagen 1896, Abschn. Stabeisen.

3) Ebenda.

4) Vgl. die Marktberichte in Stahl u. Eisen aus dieser Zeit.

gründenden Stabeisensyndikat machte man eine Versandstatistik der Werke auf[5]), aus der sich ergab, daß der Gesamtabsatz in Stabeisen in ganz unerwarteter Weise gestiegen war und daß die Spannung zwischen Produktion und wirklichem Verbrauch zur Zeit erheblich geringer war, als man dem scheinbaren Bedarfe nach allgemein anzunehmen geneigt war. Die Werke gingen deshalb mit ihren Preisen in die Höhe und die tatsächliche Entwicklung, die wirklich eine wesentliche Steigerung der Nachfrage brachte, gab ihnen recht — ein Beispiel dafür, wieviel richtiger unter Umständen ein Syndikat die Marktlage einschätzen kann als der einzelne Unternehmer. — Wenn auch die Werke bei der Hochkonjunktur sehr gut beschäftigt waren, so waren — für die reinen Werke wenigstens — die Preise wegen der Halbzeugnot wenig gewinnbringend, weil kein Syndikat bestand, welches die Stabeisenpreise mit den gestiegenen Rohmaterialienpreisen für Kohle, Roheisen und Halbzeug in Einklang gebracht hätte. Für Schweißstabeisen bildete sich allerdings 1899 die Vereinigung rheinisch-westfälischer Schweißeisenwalzwerke[6]), die überhaupt keine Satzungen und nur den Zweck hatte, alle Vierteljahre Minimalpreise für Schweißeisen festzusetzen. Der Schweißstabeisen-Grundpreis war vollkommen abhängig von dem jeweiligen Flußstabeisen-Grundpreis und durfte nicht über 10 Mark pro Tonne höher sein als dieser, weil sonst die Kunden Flußeisen an Stelle von Schweißeisen in erhöhtem Maße verwendet hätten, worunter natürlich der Absatz in Schweißeisen gelitten haben würde. — Auf ähnlich lockerer Grundlage baute sich die Vereinigung rheinisch-westfälischer Bandeisenwalzwerke[7]) auf, die sieben Mitglieder zählte. Sie war ein loser Verein, der nur Mindestpreise und Verkaufsbedingungen festsetzte, und auch diese nur für den Absatz nach Westdeutsch-

---

5) Vgl. Handelskammerbericht Hagen 1898, Abschn. Stabeisen.

6) Vgl. Handelskammerbericht Hagen 1898, Abschn. Stabeisen; ferner Kontradiktorische Verhandlungen, Heft 5, S. 71.

7) Berl. Jahrb. 1904, Bd. 1, S. 101.

land. Selbst für das Verbandsgebiet könnten die vereinigten Werke unter die festgesetzten Mindestpreise heruntergehen, wenn sie dadurch dem Vereine nicht angehörende Werke unterboten. Die Preise sollten um 10 Mark höher sein als der jeweilige Stabeisen-Grundpreis; als Frachtgrundlage wurde Köln oder Dortmund festgesetzt. — Es kann natürlich keinem Zweifel unterliegen, daß diese losen Vereinbarungen auf die Lage der Stabeisenindustrie im ganzen nur einen engbegrenzten Einfluß ausüben konnten. Zudem verbesserte sich die Marktlage noch zusehends, so daß die Syndikatsverhandlungen an Interesse verloren und schließlich abgebrochen wurden. Eine Änderung trat erst ein, als die seit 1895 währende Hochkonjunktur im Jahre 1900 ihren Kulminationspunkt überschritt und die Nachfrage plötzlich nachließ. Vornehmlich die reinen Walzwerke gerieten jetzt in eine üble Lage. Während der Hochkonjunktur hatten sie, um der Materialnot zu begegnen, große Angst- und Meinungskäufe weit über den tatsächlichen Bedarf hinaus gemacht. Als nun die Nachfrage nachließ, wurden sie von der einen Seite auf Abnahme der gekauften Halbfabrikate schonungslos gedrängt, während auf der anderen Seite ihre Abnehmer sie ebenso rücksichtslos im Stiche ließen. Hätte damals ein Stabeisensyndikat bestanden, so würden die Marktverhältnisse wohl klarer gewesen sein und die enormen Spekulationsverluste wären vermieden worden. Zu dieser Einsicht mochten damals wohl auch die Stabeisenproduzenten gelangt sein, denn die Organisationsbestrebungen kamen wieder in Fluß. Auch die großen gemischten Werke nahmen diesmal an den Versammlungen hervorragenden Anteil. Man plante nichts Geringeres, als den alten Deutschen Walzwerksverband wieder verjüngt in Erscheinung treten zu lassen. Aber man hatte die Schwierigkeiten, die eine derartige Syndizierung nun einmal bietet, doch wohl erheblich unterschätzt, denn schon Anfang Februar 1901 [8]) wurden die Bestrebungen zur Bildung eines Allgemeinen Walzwerksverbandes als vorläufig gescheitert betrachtet. Das war vorauszusehen! Denn die erste

---

8) Zentralbl. d. W. vom 15. Febr. 1901, Nr. 5.

Vorbedingung für die Entstehung eines Allgemeinen deutschen Walzwerksverbandes war doch zunächst der Zusammenschluß der Walzwerke in den einzelnen Bezirken, die dann als Untergruppen den einheitlichen Allgemeinen Deutschen Walzwerksverband zu bilden gehabt hätten. Eine solche lokale Vereinigung bestand aber vorerst nur in Oberschlesien, wo der Oberschlesische Walzwerksverband durch Zusammengehen mit der Vereinigten Königs- und Laurahütte wenigstens den internen Konkurrenzkampf verhinderte. Auch im Saar- und Moselgebiet waren die Werke im Süddeutschen Walzwerksverband zusammengeschlossen, jedoch so lose, daß eine einheitliche Preispolitik gar nicht vorhanden war, sondern die Preise vollkommen durch den Beschäftigungsgrad bestimmt wurden. In den anderen Bezirken suchte man sich zwar zu einigen, aber hier war die Frage der Festsetzung der Beteiligungsziffer der Stein des Anstoßes. Während der Hochkonjunktur hatten die einzelnen Unternehmungen ihre Anlagen bedeutend erweitert. Nun ging bei der Bildung von Syndikaten ihr Bestreben natürlich dahin, für diese Neuanlagen auch eine entsprechende Beteiligungsziffer bei den Verhandlungen herauszuschlagen. Diese hohen Beteiligungsziffern konnte das neu zu gründende Syndikat aber unmöglich gewähren, weil eine Aussicht für sein Fortbestehen nur dann bestand, wenn es die Produktion der einzelnen Werke erheblich einschränkte; denn wie hätte es sonst bei der stark gesunkenen Nachfrage einen Einfluß auf die Preisgestaltung gewinnen sollen? Man schlug nun vor [9]), als Grundlage der Quartalsbeteiligung der einzelnen Werke den Versand von drei beliebigen Monaten während der Hochkonjunktur zu nehmen, so daß jedes Werk ein seinen vorhandenen Anlagen und also seiner wirklichen Leistungsfähigkeit entsprechendes Kontingent erhalte. Um dann Angebot und Nachfrage in Einklang zu bringen, müsse natürlich die erste Maßregel

---

9) Zentralbl. d. W. vom 1. März 1901, „Gedanken über die Notwendigkeit eines Walzeisensyndikats und Vorschläge zur Organisation eines solchen“.

des Syndikats eine allgemeine, gleichmäßige, prozentuale Einschränkung der Erzeugung sein. — Das bedeutet aber doch im Endeffekt dasselbe, als wenn von vornherein den einzelnen Werken nur diejenige Beteiligung zugesichert wird, die der Lage der Konjunktur entspricht und die dann bei steigender Nachfrage prozentuell erhöht wird. Die Schwierigkeit in der quantitativen Bestimmung der Beteiligungsziffer bleibt also bestehen. Aber auch in qualitativer Beziehung bereitete die Einschätzungsfrage Schwierigkeiten. Die Bestimmungen des Kohlensyndikats sollten, besonders hinsichtlich der Einschätzung, als Muster für den Vertrag des zu gründenden Walzeisensyndikats — natürlich mutatis mutandis — dienen. Doch wies man mit Recht auf den grundsätzlichen Unterschied hin, der zwischen der Syndizierung eines im großen und ganzen doch einheitlichen, Produktion auf Vorrat gestattenden Fabrikates wie Kohle und zwischen Stabeisen besteht, bei dem ein Arbeiten auf Lager kaum möglich ist wegen der Vielheit und Verschiedenartigkeit der Sorten, die ein einzelnes Walzwerk infolge der verschiedenartigen unberechenbaren Ansprüche seiner Abnehmer auf seinen Walzstraßen auswalzen muß. Denn bei der Normierung der Beteiligungsziffer will natürlich jedes Werk nicht nur ein gewisses Gesamtquantum — gleichviel welcher Sorte — erhalten, sondern es beansprucht auch für jede einzelne Strecke volle Bschäftigung. Selbst wenn das von den übrigen Werken angenommen wird, so ergibt sich doch noch eine Fülle von Schwierigkeiten nach der qualitativen Richtung, wenn das Syndikat die nicht zu vermeidende Produktionseinschränkung beschließt[10]. Es hat keinerlei Einfluß auf die Spezifikationen und kann mithin die Beteiligungsziffer nur generell für „Stabeisen" heruntersetzen. Da kann es vorkommen, daß z. B. die Feinstrecken trotz der Produktionseinschränkung stark beschäftigt sind, während vielleicht Mittel- und Grobstrecken feiern, aber trotzdem ihre Arbeiter nicht entlassen werden dürfen, weil eine am anderen Tage eingehende

10) Zentralbl. d. W. vom 15. März 1901. „Zur Frage des deutschen Walzwerkssyndikats" von C. T. Schrickel.

Spezifikation ihnen womöglich Beschäftigung gibt. Daß eine solche stete Produktionsbereitschaft aller Strecken, von denen doch immer nur ein Bruchteil beschäftigt ist, sehr kostspielig ist, ergibt sich ohne weiteres, wenn auch zuzugeben ist, daß ein den Markt übersehendes und beherrschendes Kartell eher als die einzelnen Werke imstande ist, bei der Beschäftigung der verschiedenen Walzenstraßen ausgleichend zu wirken. — Alle diese Probleme mußten gelöst werden, um überhaupt nur erst die lokalen Gruppensyndikate zustande zu bringen. Dann erst konnte man dazu übergehen, die Interessensphären der einzelnen Gruppen abzugrenzen — auch gewiß keine leichte Aufgabe! Das alles jedoch brauchte Zeit, um auszureifen. Inzwischen aber wurde die Lage der reinen Werke immer verzweifelter. Die Rheinisch-Westfälische Bandeisen - Vereinigung [11]) wandte sich an den Halbzeugverband, in dem seit Mitte der 90er Jahre die gemischten Werke zusammengeschlossen waren, mit der Forderung, die Halbzeugpreise herunterzusetzen, da sonst bei dem niedrigen Stande der Bandeisenpreise die Spannung zwischen Bandeisen- und Halbzeugpreis nicht groß genug sei, um die Selbstkosten zu decken. Der Halbzeugverband aber schob die Schuld an den hohen Halbzeugpreisen dem Kohlen- und Roheisensyndikat in die Schuhe. Infolgedessen schlossen sich 23 reine Walzwerke zu der Rheinisch-Westfälischen Roheisen-Einkaufs-Vereinigung [12]), mit dem Sitze in Düsseldorf, zusammen; dieser wurde der gesamte Einkauf von Roheisen übertragen. In Hagen fand eine Versammlung von Walzwerksvertretern statt [13]), in der man beschloß, an den Halbzeugverband wegen einer Ermäßigung der Preise heranzutreten, oder, falls diese nicht möglich sein sollte, die Werke des Halbzeugverbandes gegebenenfalls durch den Verband zu bitten, die Preise getrennt für Fertigfabrikate in Konkurrenz mit den reinen Walzwerken um 10 Mk. höher zu halten. Im Januar 1902 bildete sich dann eine

---

11) Zentralbl. d. W. vom 15. Jan. 1902.

12) Ebenda.

13) Ebenda.

Stabeisen-Vereinigung[14]), in Gestalt einer Preis- und Konditionen-Konvention. Von den rheinisch-westfälischen, den Saar- und Mosel- und den süddeutschen Stabeisenwerken wurde gemeinsam eine Preiserhöhung von 5 Mk. pro Tonne vorgenommen. Zugleich vereinbarte man, daß zu den erhöhten Preisen nur auf ganz kurze Termine Waren geliefert werden sollten, im Gegensatz zu der früher befolgten Praxis, langfristige Abschlüsse einzugehen. — So machten sich allenthalben Kartellierungsversuche geltend, die eine Besserung der allgemeinen Lage herbeiführten. Die endgültige Bildung eines deutschen Walzwerksverbandes sollte in einer am 4. April 1902 in Berlin stattfindenden Versammlung von Vertretern aller deutschen Walzwerke erfolgen. Eifrige Vorbereitungen wurden für diese Sitzung getroffen. „Von allen Seiten regnet es", schrieb damals das Zentralblatt der Walzwerke, „Statutenentwürfe für einen deutschen Walzwerksverband, die sich in der Mehrzahl mit derartig idealen Vorschlägen befassen, daß deren Umsetzen in die praktische Wirklichkeit von vornherein ausgeschlossen erscheinen muß." Die Fehler des alten deutschen Walzwerksverbandes sollten vermieden werden[15]). Auf einer wesentlich breiteren Grundlage sollte sich der neue Verband aufbauen, d. h. weit mehr Fabrikate sollten in ihm syndiziert werden. Auch der Auslandsabsatz sollte einbegriffen sein; in der alten Gruppeneinteilung sollten Änderungen vorgenommen werden. Die Oberschlesische Gruppe war, nachdem ihr die Ausfuhr nach Österreich und Rußland durch die inzwischen errichteten Zollschranken stark beschnitten war, vornehmlich auf den Absatz im Inlande angewiesen. Sie beanspruchte deshalb als unbestrittenes Gebiet Ost- und Westpreußen mit Danzig und Königsberg, die früher als gemeinsames Absatzgebiet galten. Zur Normierung der Ansprüche jeder einzelnen Gruppe sollte jedes Werk den Versand der zu syndizierenden Sorten aus den vier Jahren 1898 bis 1901 getrennt feststellen, woraus sich folgendes Zahlenmaterial ergeben werde:

14) Zentralbl. d. W. vom 15. Jan. 1902.

15) Zentralbl. d. W. vom 15. März 1902. „Zur Frage des deutschen Walzwerksverbandes." Fortsetzung in der Nummer v. 1. April 1902.

Anteil jeder Gruppe:

I. Am Inlands-Absatz:
   a) nach den entsprechenden internen Gebieten,
   b) nach den Gebieten der anderen Gruppen (getrennt),
   c) nach dem gemeinsamen Gebiet.

II. An der Ausfuhr:
   a) nach den europäischen Ländern,
   b) nach den außereuropäischen Ländern.

Die beiden wichtigsten Punkte des Programms sollten also sein:

1. Umfang der dem Verbande unterliegenden Fabrikationssorten,
2. Modus der Einschätzung.

Um sich über den im Quartal zu erwartenden Umsatz ein möglichst klares Bild zu machen, sollte an ausgewählte Händler, die sich zu ständiger Abnahme verpflichteten, vom Syndikat zu Vorzugspreisen geliefert werden. Schwieriger werde die Ausfuhr zu konzentrieren und kontingentieren sein, da die Werke mit großer, mühselig erworbener Auslandskundschaft diese kaum ohne weiteres der Allgemeinheit der Syndikatsmitglieder zur Verfügung stellen würden. Auch müßten die Inlandswerke die exportierenden Werke, da eine Ausfuhr doch unbedingt nötig sei, unterstützen. Die Rohstoffverbände sollten Ausfuhrprämien zahlen, und ein reziprokes Verhältnis sollte mit ihnen angebahnt werden auf Grund einer beweglichen Skala, die sich auf dem für das Fertigfabrikat erzielbaren Preise aufbauen sollte. Unter den einzelnen Werken sollten sich besondere Fabrikationsgruppen herausbilden zur Auswalzung nur von bestimmten Sorten, wobei dann die einzelnen Betriebe rationell ausgenutzt und die kostspielige Zersplitterung vermieden werde. — Das alles „sollte"! Mit den hochgespanntesten Erwartungen sah man dem 4. April entgegen. Und das Resultat? — Das Zentralblatt berichtet darüber folgendes [16]: „Ein Allgemeiner Deutscher Walzwerksverband kam vorläufig nicht zustande, weil man sich über die Gruppengebiete nicht einigen konnte. Die in Aussicht genommene Bil-

16) Zentralbl. d. W. vom 15. April 1902.

dung eines allgemeinen Stabeisensyndikats wurde freudig begrüßt. Beschlossen wurde eine lose Preiskonvention, eine ‚Walzwerksvereinigung‘, auf deren nächsten Sitzungen über eine straffere Organisation verhandelt werden soll...“ Anfang Mai heißt es dann, daß die Bestrebungen zur Bildung eines Allgemeinen Deutschen Walzwerksverbandes zwar „mit großem Eifer, aber mit wenig Erfolg“ fortgesetzt würden und daß es vor allen Dingen schwer sei, eine Einigung der schlesischen und rheinischen Gruppen hinsichtlich des Absatzes nach Mitteldeutschland herbeizuführen. Und Ende Mai verbreitet sich bereits die Ansicht, daß „diese Angelegenheit (die Bildung des Allgemeinen Deutschen Walzwerksverbandes) ad Calendas Graecas geschrieben ist und eine intensive Bearbeitung der Verbandsidee kaum zu erhoffen ist.“ Alles, was zustande gekommen war, war eine lose Preiskonvention! — Den Träumen von einem Allgemeinen Deutschen Walzwerksverbande war damit wieder einmal ein Ende bereitet; denn die Ende Mai in Berlin stattfindende Versammlung [17]) der Vertreter deutscher Stabeisenwalzwerke begnügte sich „einstimmig“ festzustellen, „daß in allen Revieren eine starke Beschäftigung vorliegt, sowie daß die auf der letzten Zusammenkunft in Köln beschlossenen Mindestpreise für den Verkauf erheblich überschritten worden sind“. Aber selbst diese lose Konvention hatte keinen langen Bestand. Sie erhöhte zwar im Juli die Preise um 5 Mk., jedoch niemand hielt sich daran, weil die Nachfrage wieder nachließ. Die gemischten Werke bildeten die Abrechnungsstelle für die Ausfuhr [18]) in Düsseldorf und führten eine Vereinigung von Kohlen-, Koks-, Roheisensyndikat und Halbzeugverband herbei, um durch die Abrechnungsstelle die gemeinsame Abrechnung der gewährten Ausfuhrvergütungen zu bewerkstelligen. Die Ausfuhrvergütungen wurden aber nur den Verbandswerken — also nicht den reinen Walzwerken — gewährt. Demgegenüber schlossen sich diese

17) Zentralbl. d. W. vom 5. Juni 1902.

18) Zentralbl. d. W. vom 26. Juni 1902. Die Satzungen sind abgedruckt bei Heymann, Anhang, S. 338—342.

auf einer Versammlung am 9. Juli 1902[19]) in Hagen zum Verein zur Wahrung der Interessen der Halbzeugverbraucher zusammen. Die vereinigten Halbzeugverbraucher, die ungefähr 500 000 t Jahresbedarf hatten, baten den Halbzeugverband um Ermäßigung der Halbzeugpreise und drohten widrigenfalls mit Gründung eines eigenen Thomasstahlwerks, um das Monopol des Halbzeugverbandes zu beseitigen. Der Halbzeugverband verhielt sich aber ablehnend und die Lage der reinen Werke blieb nach wie vor trostlos. Nach wie vor mußten sie die hohen Inlandspreise für Halbzeug zahlen. Diese Inlandspreise waren deshalb besonders hoch, weil der Halbzeugverband eine Art Monopol den reinen Walzwerken gegenüber besaß. Als in den Zeiten der Depression die Halbzeugproduktion erheblich die Nachfrage des Inlandes überstieg, ging der Halbzeugverband nicht mit seinen Inlandspreisen herunter, sondern hielt sie so hoch, daß seine Mitglieder für ihre überschüssige Produktion im Auslande gegebenenfalls unter Selbstkostenpreisen Absatz suchen konnten. Das Ausland erhielt infolgedessen oft die Halbfabrikate billiger als die inländischen reinen Walzwerke, die sich dadurch in der Ausfuhr ihrer Fertigfabrikate (Stabeisen, Bleche usw.) erheblich geschädigt sahen. Aber auch im Inland gelang es ihnen nicht, die nötige Spannung zwischen Halbzeug- und Stabeisenpreis durch die Walzwerks-Vereinigung durchzusetzen. Denn aus dieser trat das Peiner Walzwerk aus, weil es fand[20]), „daß seine Offerten mit Verbandspreisen als zu hoch befunden wurden"! Tatsächlich nahm man denn auch am 22. November 1902 auf einer Versammlung der deutschen Walzwerks-Vereinigung überhaupt von einer Preisfestsetzung Abstand[21]). Nichtsdestoweniger wählte man eine „Kommission für schleunige Syndikatsbildung mit gemeinsamer Verkaufsstelle für das In- und Ausland". Doch mußten schon im Januar 1903 die Bemühungen dieser Kommission als zwecklos bezeichnet werden[22]), weil „ein großes

19) Zentralbl. d. W. vom 15. Juli 1902.
20) Zentralbl. d. W. vom 5. Nov. 1902.
21) Zentralbl. d. W. vom 19. Nov. 1902.
22) Berl. Jahrb. 1904, Bd. 1, S. 103.

Mülheimer Werk" (also Thyssen) den Beitritt verweigerte: es habe kein Interesse an der Bildung eines Stabeisensyndikats, solange man nicht wisse, zu welchem Resultate die Verhandlungen über die Erneuerung und Umgestaltung der Ende 1903 ablaufenden anderen Kartellverträge der deutschen Eisenindustrie führen würden. — Während des übrigen Teils des Jahres 1903 hörte man kaum noch etwas von einem Stabeisensyndikate, vielmehr wandte sich das ganze Interesse der industriellen Kreise der Bildung jenes Verbandes zu, der die Ende 1903 ablaufenden Verbände (Trägerverband, Schienen- und Schwellengemeinschaft und Halbzeugverband) ersetzen, die verschiedenen Stahl- und Walzwerksprodukte in einem großen gemeinsamen Generalkartell zusammenfassen und eine ganz neue Ära in Großeisen-Industrie und -Handel — auch für Stabeisen — heraufführen sollte.

III. Die Ära des Stahlwerksverbandes und die Versuche zur Syndizierung der B-Produkte.

Das Generalkartell, das all' diese durchgreifenden Veränderungen bewirken sollte, war der Stahlwerksverband, der nach unendlichen Mühen am 29. Februar 1904 morgens 5 Uhr in Düsseldorf zustande kam. Für die deutsche Stabeisenindustrie und die Entwicklung ihrer Organisation war bei der Gründung des Stahlwerksverbandes von weittragender Bedeutung die bekannte Aufteilung der Walzwerksfabrikate in die sogenannten Produkte A und B und ihre verschiedenartige Behandlung durch den Stahlwerksverband. Als Ideal hatte ja den Gründern des Stahlwerksverbandes der lückenlose Verbandsschutz, d. h. Syndizierung aller Walzwerkserzeugnisse vorgeschwebt, zustande kam aber nur die Syndizierung der Produkte A dank der partikularistischen Interessenhervorkehrung der reinen Walzwerke und der Siemens-Martinwerke, die dem Stahlwerksverbande nicht beitraten. Für die B-Produkte wurde nur eine „Kontingentierung" erreicht. Während der Stahlwerksverband die Produkte A von den Stahlwerksbesitzern als Selbstkäufer kaufte und im eigenen Namen verkaufte, legte er bei den B-Produkten nur die prozentuale Beteiligungsziffer der einzelnen Werke fest und überließ den Verkauf den Werkbesitzern selbst oder ihren Vereinigungen. Für die A-Produkte also straffe Produktions- und Preisregulierung, für die B-Produkte bloße Produktionsregelung ohne jeden unmittelbaren Einfluß auf die Preisgestaltung! Zudem konnten die Werke ihr Kontingent in B-Produkten gegen Zahlung einer Abgabe für die Mehrproduktion verhältnismäßig leicht überschreiten. Als A-Produkte wurden folgende Erzeugnisse festgesetzt [1]):

1. Die gesamte inländische Produktion der Stahlwerksbesitzer an Rohstahl, gleichviel welchen Verfahrens, sowie an Puddelluppen;
2. ihr gesamter Bezug an Rohstahl, gewalztem Halbzeug und sonstigen Stahlfabrikaten;
3. ihre gesamte inländische Produktion an Halbzeug, schwerem und leichtem Eisenbahnoberbaumaterial sowie Formeisen (Träger, I-, U- und Z-Eisen und Konstruktionseisen);
4. der gesamte Bezug der Stahlwerksbesitzer an den unter 3. aufgeführten Fabrikaten, soweit dieselben zur Weiterverarbeitung in den eigenen Betrieben des Stahlwerksbesitzers bestimmt sind und die daraus hergestellten Produkte durch den Verband verkauft werden.

Demgegenüber gelten als B-Produkte:

Die gesamte inländische Produktion an Stabeisen, Walzdraht, Blechen, Eisenbahnachsen usw.

Stabeisen kam also unter die nur kontingentierten B-Produkte! Diese Tatsache ist von grundlegender Bedeutung, denn durch sie sollte nachher das Schicksal der Organisationsbestrebungen von Stabeisen-Fabrikation und -Handel so nachhaltig und ungünstig beeinflußt werden. Wäre damals Stabeisen mit den A-Produkten syndiziert worden, wie das bei dem im Februar 1904 gegründeten Oberschlesischen Stahlwerksverband gelang, so wäre den Stabeisenfabrikanten und den kartellfreundlichen Stabeisenhändlern

1) Vgl. Kontradikt. Verh., Heft 10, Anlage 5, S. 501.

manche spätere Mühe erspart geblieben, der Stahlwerksverband selbst und das Kartellwesen der Eisenindustrie überhaupt dem gesteckten Ziele ein gut Teil näher gekommen.

Aber warum gelang die Syndizierung des Stabeisens durch den Stahlwerksverband nicht? Warum wurde überhaupt Stabeisen den B-Produkten und nicht den A-Produkten zugeteilt?

Bei der Aufteilung der Stahl- und Walzwerksproduktion in die Produkte A und B ging man von dem Gesichtspunkte aus, daß unter die A-Produkte grundsätzlich die schweren, unter die B-Produkte die leichten Walzwerksfabrikate eingereiht werden sollten. A priori würde man dann, wenn man einen scharf umrissenen Unterschied wirklich schaffen wollte, wohl am besten getrennt haben nach Produktionsstufen: Rohstahl, Luppen und Halbzeug einerseits, und Eisenbahnoberbaumaterial, Formeisen, Stabeisen und die anderen späteren B-Produkte andererseits. Denn die ersteren sind ja gewissermaßen das Rohmaterial für die letzteren. Wenn man aber schon Eisenbahnmaterial und vor allen Dingen Formeisen unter die A-Produkte aufnahm, so hätte man an und für sich auch wohl Stabeisen ihnen zuschlagen können, da doch zwischen Stabeisen und Formeisen vom fabrikationstechnischen Standpunkt hinsichtlich der „Schwere" der beiden Walzwerksfabrikate, wie auch vom Absatze her kein beträchtlicher Unterschied besteht. Den Beweis hierfür bietet der Oberschlesische Stahlwerksverband, dessen wesentlicher Unterschied vom Düsseldorfer Stahlwerksverband bekanntlich gerade darin besteht, daß beim ersteren das für die oberschlesische Walzwerksindustrie so wichtige Stabeisen genau so straff syndiziert ist wie die A-Produkte des Düsseldorfer Verbandes. Worauf ist diese Verschiedenartigkeit in der Organisation der beiden sonst fast gleich aufgebauten Verbände zurückzuführen? — Die Hauptursache ist wohl die, daß angesichts der kartellfreundlichen Gesinnung der in wirtschaftlicher und auch sozialer Hinsicht im wesentlichen gleichartigen oberschlesischen Unternehmen es sich bei der Umwandlung der Verkaufsvereinigung oberschlesischer Walzwerke in den Oberschlesischen Stahlwerksverband beinahe von selbst verstand, daß Stabeisen syndiziert und nicht bloß kontingentiert wurde, da dieser Hauptartikel der oberschlesischen Walzwerksfabrikation in Oberschlesien bereits seit langem sich in die Fesseln von mehr oder minder straffen Syndikaten und Kartellen eingepaßt hatte. Anders im Westen. Hier war es für Stabeisen dank der scharf ausgeprägten Gegensätze zwischen reinen und gemischten Werken und der größeren sozialen und persönlichen Differenzierung der Unternehmerschaft zu einer Syndizierung von Stabeisen seit den weit entlegenen Zeiten des Allgemeinen Deutschen Walzwerksverbandes gar nicht mehr gekommen. Kurz vorher (1902) war ja erst der Versuch der Überbrückung der Interessengegensätze zwischen den reinen und gemischten Werken durch friedliche Vereinigung der beiden Unternehmungskategorien in einem einzigen großen Syndikat wieder kläglich gescheitert. Das sollte sich bitter rächen, als sich die gemischten Unternehmungen 1904 in dem Stahlwerksverbande zusammengeschlossen. Da war es klar, daß man bei der Schaffung eines Generalkartells zunächst auf denjenigen Produkten fußte, die bereits in festen Verbänden kartelliert waren, wie Schienen, Schwellen, Halbzeug und Träger, zumal obendrein für diese Fabrikate fast ausschließlich gemischte Werke mit im wesentlichen gleichartigen Produktionsbedingungen in Betracht kamen. In Stabeisen war, wie wir bereits gesehen haben, der Kampf zwischen reinen und gemischten Werken grade besonders heftig gewesen; hier war kein Kartell mit ausgebildeter Organisation vorhanden, das, wie bei den A-Produkten, bloß in dem neuen Stahlwerksverbande aufzugehen brauchte. Da es bei der Gründung des Verbandes zu keiner Einigung zwischen den gemischten Werken einerseits und den reinen und den Siemens-Martinwerken andererseits kam, konnte es kaum anders sein, als daß Stabeisen, für das noch keinerlei Verband im Westen bestand, unter die B-Produkte kam und diese bloß kontingentiert wurden. —

Immerhin sollte diese Kontingentierung doch nur ein P r o v i s o r i u m und die Syndizierung der B-Produkte die vornehmste Aufgabe des neuen Kartells für die Zukunft sein. Man schrieb

1905[2]): „Gelingt es ihm (dem Stahlwerksverband) nicht, die gesamten Produkte B in einer den Anforderungen der Gesamtheit gerecht werdenden Weise innerhalb zwei Jahren in den Kreis seiner Tätigkeit zu ziehen, so wird er das Schicksal so zahlreicher Verbände teilen und zusammenbrechen." — In der Tat spielte denn auch die Frage der Syndizierung der B-Produkte — und besonders der von Stabeisen als des wichtigsten B-Produktes — nach der Gründung des Stahlwerksverbandes die Hauptrolle. Zur Durchführung des Syndizierungsgedankens war es aber unerläßlich, daß eine Einigung der Gesamtheit aller Stabeisenproduzenten und ihr Anschluß an den Stahlwerksverband erzielt wurde. Im Stahlwerksverband selbst waren nur die gemischten Werke vereint, von denen 24[3]) damals Stabeisen herstellten. Außerdem nahmen aber an der Stabeisenproduktion außer den oberschlesischen Werken noch etwa 20 reine Walzwerke und 16 gemischte Werke teil. Diese mußten sich natürlich erst unter sich einigen; denn dann erst konnte von einem Anschluß an den Stahlwerksverband und einer erfolgreichen Syndizierung der deutschen Stabeisenproduktion und des darauf fußenden Stabeisenhandels wirklich die Rede sein. Zunächst waren also Sonderverbände für Stabeisen und die anderen B-Produkte zu bilden, die dann ähnlich wie der Trägerverband, der Halbzeugverband und die Schienen- und Schwellengemeinschaft in dem Generalkartell, in dem Stahlwerksverbande, aufgehen würden. — Selbstverständlich mußte der Stahlwerksverband als solcher diesen Bestrebungen, Sonderverbände zu gründen, Interesse entgegenbringen und sie in jeder Beziehung zu fördern suchen. Denn wenn seine Abnehmer in stetige Verhältnisse garantierenden Verbänden zusammengeschlossen waren, so konnte er doch auf viel sicherer Grundlage seine Markt- und Preispolitik betreiben[4]). Zwar hatten die einzelnen Mitglieder des Stahlwerksverbandes,

2) Kollmann, S. 49.

3) Berl. Jahrb. 1905, Bd. I, S. 116.

4) Vgl. hierzu: Steinmann-Bucher, „Die kontradiktorischen Verhandlungen über den Stahlwerksverband III" in der D. I. Z. vom 27. Okt. 1905, Nr. 43.

von ihrem einseitigen individuell-erwerbswirtschaftlichem Standpunkte aus gesehen, zunächst scheinbar ein Interesse daran, daß Stabeisen nicht syndiziert wurde, weil ihnen, die sich in den A-Produkten die engen Syndikatsfesseln auferlegt hatten, doch noch immer eine gewisse Bewegungsfreiheit wenigstens in den B-Produkten blieb: Wenn die Marktlage in dem einen Artikel schlecht war, so konnten sie dafür z. B. in verstärktem Masse Stabeisen auswalzen, bei dem die Fesseln infolge der bloßen Kontingentierung nicht so eng geschlossen waren, und so Stabeisen den Marktschwankungen gegenüber gewissermaßen als Ventil benutzen. Trotzdem mußten sie sich aber doch auch sagen, daß die Folge dieser Politik auf die Dauer eine gänzliche Zerrüttung des Stabeisenmarktes und auch für sie selbst dadurch letzten Endes von Nachteil sein würde. In Erkenntnis dieser Sachlage hatten die gemischten Werke ja schon den Schritt der Kontingentierung des Stabeisens getan. Aus dieser Kontingentierung zogen natürlich auch die Außenseiter des Verbandes, die reinen Walzwerke und die Siemens-Martinwerke, Vorteile, ohne an den Lasten mitzutragen. Wollte man also nicht auf halbem Wege stehen bleiben, so mußten auch die reinen Walzwerke und die Siemens-Martinwerke dem Stahlwerksverbande beitreten. Der Stahlwerksverband trat deshalb in erneute Verhandlungen mit diesen, ohne jedoch zu einem Ergebnis zu gelangen. Im November 1904 [5]) verpflichteten sich allerdings die dem Stahlwerksverbande angehörigen Werke, Stabeisen nicht mehr unter 108 Mk. Frachtgrundlage Oberhausen zu verkaufen und sich an diese Abmachung bis Ende des laufenden Jahres durch Unterzeichnung eines Verpflichtungsscheines zu binden. Gegen Ende des Jahres wurden aber bereits wieder die Aussichten für das Zustandekommen eines Stabeisenverbandes als sehr gering bezeichnet [6]), weil sich ein großes lothringisches Werk ablehnend verhielt: Man müsse erst die weitere Entwicklung des Stahlwerksverbandes abwarten, bevor man noch weitere, die Bewegungs-

---

5) D. I. Z. vom 18. Nov. 1904, Nr. 47.
6) D. I. Z. vom 30. Dez. 1904.

freiheit einengende Verpflichtungen übernehmen könne. Zwischen einer Anzahl reiner Walzwerke, die an dieser Syndizierung von Stabeisen das denkbar vitalste Interesse haben mußten, kam Anfang März 1905 die Siegener Stabeisenvereinigung zustande [7]) welche für die Siegerländer Stabeisenwalzwerke die Preise für Schweißeisen auf 131,5 Mk. und für Flußeisen auf 115 Mk. festsetzte. Aber immer noch hegten die reinen Walzwerke Mißtrauen gegen ihre alten Gegner, die gemischten Werke, selbst als diese sie zu gemeinsamen Verhandlungen über die Bildung eines Stabeisensyndikats einluden. Dieses Mißtrauen ging in eine starke Verstimmung über, als der Stahlwerksverband im April 1905 eine Erhöhung der Beteiligungsziffer für die B-Produkte um 5 Proz. beschloß. Denn dadurch wurde natürlich der Stabeisenpreis im Inlande sehr gedrückt und den Außenverbandswerken der Anteil an der gesamten deutschen Stabeisenerzeugung stark beschnitten. Besonders widersprach diese Erhöhung der Beteiligungsziffer den Interessen der reinen Walzwerke, da diese bei den hohen Rohmaterialpreisen doch auch unbedingt einen entsprechend hohen Preis für ihre Fertigfabrikate erzielen mußten. Ohnedies hatten die reinen Walzwerke schon Bedenken gegen einen Anschluß an den Stahlwerksverband. Sie fürchteten dann ganz und gar in Abhängigkeit von den gemischten Werken zu geraten und für den Fall, daß sie ihre an und für sich schon geringe Produktion in straffer Kartellierung in schlechten Zeiten noch obendrein einschränken mußten, überhaupt keinen Überschuß mehr erübrigen zu können. Immerhin drängte sie die steigende Not zur schleunigen Einigung. Unter Führung von Mannstaedt-Kalk, der in enger Fühlung mit dem Vorsitzenden des Stahlwerksverbandes, Kirdorf, stand, wurde ein Vertragsentwurf für ein Stabeisensyndikat ausgearbeitet, von etwa 15 reinen Werken angenommen und dem Stahlwerksverbande Mitte Juni anläßlich der Kartellenquete unterbreitet [8]). Danach sollte der Stahlwerksverband den dem Syndikat bei-

---

7) D. I. Z. vom 10. März 1905.
8) Kontradikt. Verhandl., Heft 10, S. 414 ff.

tretenden reinen Walzwerken die Preise für Halbzeug skalenmäßig im Verhältnis zu den jeweiligen Stabeisenpreisen berechnen (§ 10 des Einigungsvorschlages)[9]. Ferner wurde verlangt, daß zwischen den Grundpreisen für Schweiß- und Flußeisen eine Spannung von mindestens 15 Mk. pro Tonne aufrecht erhalten werde (§ 11). Der Stahlwerksverband werde, so argumentierte man von seiten der reinen Walzwerke[10], ihnen um so leichter diese geringen Konzessionen machen können, weil der Löwenanteil des Zollschutzes seinen Mitgliedern zugute komme und es in seinem eigenen Interesse liege, statt der verlustbringenden Auslandsverkäufe lieber seine Abnehmer für Halbzeug im Inlande, die reinen Walzwerke, lebens- und leistungsfähig zu erhalten. Darüber aber war man sich klar: Ein Stabeisensyndikat ohne das vermittelnde Bindeglied der Martinwerke war völlig aussichtslos. Denn ihr Beitritt zum Stahlwerksverband und die Festlegung ihrer Halbzeugproduktion war die notwendige Voraussetzung für die Möglichkeit einer wirklich umfassenden Syndizierung der B-Produkte. Aber gerade sie waren für eine Syndizierung nicht zu haben! Sie zogen vor, ihre volle Bewegungsfreiheit zu bewahren und nicht an den Verbandslasten teilzunehmen. Das überließen sie lieber den Stahlwerksverbandswerken, deren Erzeugung in den B-Produkten kontingentiert war und die für jede Tonne Mehrerzeugung eine Abgabe von 20 Mk. zu zahlen hatten. Auf ihre Kosten und vornehmlich auf Kosten der reinen Walzwerke konnten die Siemens-Martinwerke ihre Erzeugung in Stabeisen und Blechen ausdehnen. Ihre Neigung, sich dem Stahlwerksverbande anzuschließen, war deshalb nicht sonderlich groß. Das zeigte sich bei den Verhandlungen, die man mit ihnen anzuknüpfen sich bemühte: Sie erschienen entweder überhaupt nicht oder stellten ganz außerordentlich hohe Forderungen, indem sie $33^1/_3$ Proz. mehr verlangten, als man ihnen auf Grund ihrer Erzeugung im Jahre 1904 in entgegenkommender

9) Siehe Anhang, Anlage 2. Der Einigungsvorschlag ist entnommen den Kontradikt. Verhandl., Heft 10, S. 590 ff.

10) Walzwerksbesitzer Wuppermann, Schlebusch-Manfort, in den Kontradikt. Verhandl., Heft 10, S. 415 ff.

Weise als Beteiligungsziffer anbot [11]). Daß unter solchen Umständen alle weiteren Verhandlungen zwecklos waren, liegt auf der Hand, zumal auch die reinen Werke mit ihrer Gesamtheit nicht einmal untereinander einig waren. Zwar machte der Stahlwerksverband den geeinigten Halbzeugverbrauchern auf den oben erwähnten Einigungsvorschlag hin einen Gegenvorschlag [12]), wonach er den Verkauf der B-Produkte in die Hand nehmen und den reinen Walzwerken nach dem Umfange ihres Verbrauchs in A-Produkten eine je nach den Preisen der B-Produkte variierende Summe zahlen wollte. Doch auch die Verhandlungen über diese Einigungsvorschläge erreichten ihr Ende, als im Juli die bereits im April beschlossene Erhöhung der Beteiligungsziffer in den B-Produkten in Kraft trat. Nicht einmal unter den Werken des Stahlwerksverbandes kam ein Stabeisenverband zustande; die im September 1905 angeregten Versuche, eine Anzahl gemischter Werke in einer Preiskonvention zu vereinigen, blieben nach längeren Verhandlungen erfolglos [13]). Ja, damals warf man bereits auf einer Generalversammlung des Stahlwerksverbandes die Frage auf, ob es nicht besser sei, auch die Kontingentierung der B-Produkte ganz aufzuheben [14]), da davon ja doch bloß die Außenseiter Nutzen hätten. Wenn man nun auch tatsächlich diese letzte Brücke für eine Syndizierung von Stabeisen noch nicht abbrach, so hörte man doch in der nächsten Zeit kaum noch etwas von einem Stabeisenverband, auf dessen Zustandekommen man kurz zuvor noch so fest gerechnet hatte. Vielmehr begann jetzt die sogenannte Flucht aus den A-Produkten in die B-Produkte. Da den gemischten Werken hinsichtlich der Produktionserweiterung in den A-Produkten enge Fesseln auferlegt waren, wandten sich ihre Ausdehnungsbestrebungen, die ja nun einmal im Wesen des kapitalistischen Großbetriebes liegen, erklärlicherweise den B-Produkten — vornehmlich Stabeisen — zu. Das zeigt sich deutlich in den verhältnismäßig viel häufigeren

11) Kontradikt. Verhandl., Heft 10, S. 417.
12) Berl. Jahrb., 1905, Bd. 1, S. 115.
13) Ebenda.
14) Berl. Jahrb., 1905, Bd. 1, S. 115.

und größeren Erhöhungen der Beteiligungsziffer und der Produktionsausdehnung in Stabeisen gegenüber den A-Produkten während der nun folgenden günstigen Konjunktur. Gerade für Stabeisen erhöhte sich die Produktion in solch' besonderem Maße, weil sich die Gestehungskosten der Stabeisenerzeugung durch technische Erfindungen erheblich ermäßigten und Stabeisen im Eisenbetonbau in steigendem Maße dem Formeisen den Rang ablief, zumal der Stahlwerksverband es zeitweise an der nötigen Reklame fehlen ließ [15]. Unter derlei Umständen konnten die Syndizierungsversuche in Stabeisen natürlich keine Fortschritte machen. Erst als Ende April 1907 der Stahlwerksverband um weitere fünf Jahre verlängert wurde, griff man den Syndizierungsgedanken wieder auf.

Der neue Stahlwerksverband unterschied sich von dem alten nur insofern, als verschiedene Werke einen Teil ihrer Beteiligung an Halbzeug nach den B-Produkten verschoben. Das zeigt die folgende Tabelle, welche die Beteiligungsziffer der einzelnen Werke kurz vor und nach der Erneuerung des Stahlwerksverbandes wiedergibt [16]:

Veränderung der Beteiligungsziffer in Tonnen:

	1. Januar 1907	1. Mai 1907	
Halbzeug	2 019 085	1 348 755	— 670 330
Eisenbahn-Oberbaumaterial	2 218 472	2 381 765	+ 163 293
Formeisen	1 989 805	2 323 564	+ 333 759
Summa Produkte A:	6 227 362	6 054 084	— 173 278
Halbzeug in Schlesien	102 763	49 000	— 53 763
Stabeisen	2 588 089	3 304 991	+ 716 902
Walzdraht	528 663	741 806	+ 213 173
Bleche	980 526	960 827	— 19 699
Röhren	118 214	138 672	+ 20 458
Guß- und Schmiedestücke	553 497	622 237	+ 88 740
Summa Produkte B:	4 851 722	5 817 533	+ 965 811
Summa Produkte A und B:	11 079 084	11 871 617	+ 792 533

15) Vgl. Mannser, S. 17.
16) Entnommen dem Berl. Jahrb., 1907, Bd. 1, S. 111.

Den Löwenanteil an der Verschiebung der Beteiligungsziffer nach den Produkten B hatte wiederum Stabeisen mit der beträchtlichen Erhöhung von 2 588 089 t auf 3 304 991 t. Das bedeutete natürlich für die Außerverbandswerke wiederum eine erhebliche Verschlechterung der Lage. Anderseits war allerdings der neue Stahlwerksverband bemüht, die reinen Stabeisenwalzwerke hinsichtlich des Bezuges von Halbzeug dadurch sicherzustellen, daß er nach dem neuen Vertrage bei Minderlieferungen in Halbzeug, die bei Hochkonjunktur die reinen Walzwerke immer wieder zu Klagen veranlaßt hatten, die Hauptbeteiligungsziffer eines Mitgliedes dauernd in den Produkten A um denjenigen Betrag kürzte, um den es während eines Jahres hinter 95 Proz. seiner Beteiligung zurückgeblieben war. Durch dieses Entgegenkommen des Stahlwerksverbandes den Halbzeugverbrauchern gegenüber kamen die Verhandlungen zur Bildung eines Stabeisenverbandes wieder in Schwung. Auf einer Mitte Juni 1907 einberufenen Generalversammlung des Stahlwerksverbandes beschloß man[17]), die Stabeisenproduzenten aufzufordern, ihren Abschlußbestand an Stabeisen, getrennt für Inland und Ausland, sowie ihren Selbstverbrauch pro Jahr einem Vertrauensmann des Stahlwerksverbandes bekannt zu geben. Zunächst sollte nur eine Preisvereinigung angestrebt werden. Am 19. September 1907 legte man der Generalversammlung des Stahlwerksverbandes den von fast allen Seiten unterstützten Antrag vor, für Stabeisen einen Minimalverkaufspreis von 132,50 Mk. pro Tonne Frachtbasis Oberhausen festzulegen. Doch auch diese lose Preiskonvention scheiterte an dem Widerstande der Vereinigten Königs- und Laurahütte, die in ihrem Verkauf in Oberschlesien sich keinerlei Fesseln auferlegen zu lassen gewillt war. Ebensowenig konnte man mit den Siemens-Martinwerken handelseinig werden, so daß die während des ganzen übrigen Teiles des Jahres 1907 sich noch hinziehenden Verhandlungen schließlich im Sande verliefen. Am 23. März 1908 hörte man dann zwar von einer Verständigung

---

17) Quelle hierzu und zum folgenden: Berl. Jahrb., 1907, Bd. I, S. 115/116.

der lothringisch-luxemburgischen Werke [18]), die Stabeisen nicht unter 110 bzw. 107,50 Mk. Frachtgrundlage Neunkirchen zu verkaufen vereinbarten; in ähnlicher Weise kam es auch unter den rheinisch-westfälischen Werken zu einer Konvention. Aber auch diesmal sollte die Freude nur von kurzer Dauer sein: die Hoffnung auf den Beitritt der Dortmunder Union erfüllte sich nicht; zudem forderten die Großhändler „die Gewährleistung eines bestimmten Mindestnutzens im Weiterverkauf nach Analogie der den privilegierten Trägerhändlern eingeräumten Vorteile“ [19]). Das wollten aber einige Werke — wahrscheinlich diejenigen, die ihre Produktion durch eigene Werksfirmen absetzen — nicht! Die Konvention löste sich nach „mehrtägigem“ Bestehen wieder auf. Das war wiederum das Signal zur Erneuerung des Kampfes zwischen den reinen und den gemischten Werken. In einer Flugschrift, die bereits im Februar 1908 [20]) dem Reichstag zugegangen war, verlangten die reinen Werke die Einführung von Einfuhrscheinen, wodurch sie das Halbzeug, das sie zu für den Export bestimmten Fabrikaten verarbeiteten, zollfrei, also zu Weltmarktpreisen erhalten würden und so in der Lage seien, auf dem Auslandmarkte zu konkurrieren. Der Verband für Halbzeugverbraucher schilderte ferner Anfang Mai dem Zoll- und Kartellreferenten des Reichsamts des Inneren und einigen Abgeordneten die Notlage der reinen Werke und am 5. Juni 1908 wandte man sich unmittelbar an den damaligen Staatssekretär des Reichsamts des Inneren, Staatsminister von Bethmann-Hollweg. In dieser Eingabe wurde bestritten, daß die Notlage der reinen Werke „zwar beklagenswert, aber eine notwendige Folge der naturgemäßen wirtschaftlichen Entwicklung“ sei. Die natürlichen Vorteile der konzentrierten Betriebe erstreckten sich nur auf die Erzeugung von Massengütern. „Bei den Fabrikaten jedoch, die von den abhängigen Werken vor-

---

18) Berl. Jahrb., 1908, Bd. 2, S. 131/132.

19) Berl. Jahrb., 1908, Bd. 2, S. 131.

20) Quelle hierzu und zum folgenden: Berl. Jahrb., 1908, Bd. 2, S. 132 und die Sammlung des „Archivs f. Volkswirtschaft u. Handelstechnik“ der Kölner Handelshochschule (Mappe Stahlwerksverband 1).

wiegend hergestellt werden," heißt es in der Eingabe, „treten diese Vorteile ganz in den Hintergrund vor der größeren Sparsamkeit in diesen Betrieben, vor der größeren Übersichtlichkeit derselben und vor allen Dingen vor ihrer größeren Anpassungsfähigkeit an die Wünsche und Qualitätsforderungen der Kundschaft. Der Haupt- und fast alleinige Grund der wirtschaftlichen Überlegenheit der großen gemischten Betriebe liegt vielmehr darin, daß sie ihre ganze Produktion bis ins fertige Eisen auf ein schutzzollfreies Rohmaterial aufbauen können, indem sie, soweit sie es nicht selbst besitzen, lediglich Erz zu kaufen brauchen, welches zollfrei eingeführt werden kann. Die ganze Produktion dieser Werke ist frei von irgendwelchen Zollabgaben." Dagegen müßten die Martinwerke an Zoll für Roheisen 10 Mk. pro Tonne und für Schrott ebenfalls 10 Mk. pro Tonne bezahlen, was eine Zollbelastung von 11 Mk. pro Tonne Halbzeug bedeute. Noch schlimmer sei die Lage der auf den Bezug von Halbzeug angewiesenen reinen Walzwerke, die eine Zollbelastung von ca. 18 bis 20 Mk. pro Tonne Stabeisen, Bandeisen oder Blech zu tragen hätten: diese Zollbelastung sei es, aus der die Notlage der reinen Walzwerke entspringe. Auch hindere sie der Einfuhrzoll auf Roheisen und Schrott, sich durch Gründung eines eigenen Martin-Stahlwerkes im Halbzeugbezuge unabhängig zu machen, da die Martinwerke doch durch die Zollfreiheit der Thomaswerke im Hintertreffen blieben. Zudem werde noch vom Stahlwerksverband durch die billigen Auslandsverkäufe der Inlandspreis für Halbzeug auf ungewöhnlicher Höhe gehalten. Den reinen Walzwerken, denen ihr Rohmaterial noch verteuert werde, sei deshalb eine Konkurrenz mit den ausländischen Werken, die vom Stahlwerksverband das Halbzeug zu Spottpreisen erhielten, geradezu unmöglich gemacht. Durch diese Preispolitik des Stahlwerksverbandes werde aber die Existenz der reinen Werke direkt untergraben, zumal sich die gemischten Werke weigerten, ein Stabeisen- und Blechsyndikat zu bilden, wodurch auch den reinen Werken eine Ausnutzung des Schutzzolls für diese Fabrikate ermöglicht werde. Die Eingabe schließt deshalb folgendermaßen: „Wir bitten und beantragen, uns ebenso ein zollfreies Einsatzmaterial zu verschaffen, wie es den großen gemischten Werken zur Verfügung steht, und zwar durch vorläufige Sistierung und spätere Aufhebung der Zölle auf Roheisen, Schrott und Halbzeuge." Auf diese Ausführung antwortete der Stahlwerksverband in seiner Denkschrift, in der er folgendes ausführte: Zunächst müsse festgestellt werden, daß bei einem Gesamtversande des Stahlwerksverbandes von 1 200 000 t Halbzeug von den reinen Werken nur ca. 340 000 t im Jahre bezogen worden seien; während die Mitglieder des Stahlwerksverbandes zusammen 360 000 Arbeiter beschäftigten, kämen für die Verarbeitung der 340 000 t Halbzeug nur 5000 Arbeiter in Betracht. Nur ein Teil der Halbzeugverbraucher — nicht auch die Martinwerke — seien wirklich notleidend. Früher hätten die jetzigen reinen Werke ihr Halbzeug meist selbst hergestellt. Als dann die gemischten Werke im Kampfe miteinander lagen und sich in der Abgabe von Halbzeug unterboten, hätten die reinen Werke aus den billigen Halbzeugpreisen Nutzen gezogen, Werke in Betrieb gesetzt, die bereits stillgelegt gewesen seien und neue Walzwerksanlagen geschaffen, ohne für eine dauernde Sicherstellung des Halbzeugbedarfes zu sorgen. Das habe sich gerächt, als sich die Stahlwerke geeinigt hatten, was doch niemand ihnen verwehren könne. Jedenfalls gehe der Stahlwerksverband nicht auf eine planmäßige Unterdrückung der reinen Walzwerke aus, vielmehr sei ihnen von ihm manche Gefälligkeit erwiesen worden. Während der jüngsten Periode der Hochkonjunktur habe er ihnen zu Ungunsten seiner ausländischen Abnehmer Halbzeug geliefert, habe ihnen auf weitere Termine verkauft und ihnen auch dann zu den alten niedrigen Preisen geliefert, als diese schon wieder eine ganz außerordentliche Höhe erklommen hatten. Zudem würden sie den reinen Werken niemals Ausfuhrprämien bewilligt haben, wenn sie sie tatsächlich zu unterdrücken bestrebt seien. Die Notlage der reinen Werke sei auf die technische und wirtschaftliche Unterlegenheit gegenüber den gemischten Werken zurückzuführen, die übrigens ebenso gut wie die reinen Werke sparsam und übersichtlich arbeiten könnten. Diese Notlage aber würde nicht beseitigt durch die Aufhebung der Zölle für Roheisen, Schrott und Halbzeug bzw. durch die Einführung von Einfuhrscheinen. Denn bei dieser Durchbrechung des Schutzzollsystems würden die technisch und wirtschaftlich rückständigen reinen Werke erst recht dem Untergang entgegengehen, während diejenigen reinen Werke, die der Verfeinerungsindustrie sich zugewandt hätten, unter normalen Verhältnissen überhaupt nicht als notleidend zu bezeichnen seien. Überhaupt sei eine Änderung des augenblicklichen Zollsystems zu verwerfen. Infolge der hohen sozialen Lasten arbeite die deutsche Eisen- und Stahlindustrie trotz der riesigen Fortschritte mit höheren Selbstkosten als die englische und amerikanische. Wenn der Halbzeugzoll falle, so werde die unmittelbare Auflösung des Stahlwerksverbandes die Folge sein. Damit aber werde dem Eindringen der mächtigen ausländischen Konkurrenz Tür und Tor geöffnet sein. Zu bedauern sei nur, daß es bei einer derartig gefährlichen Konkurrenz auf dem Weltmarkt immer noch nicht zur Bildung eines Stabeisensyndikats gekommen sei. Eine Aufhebung des Schutzzolles für Roheisen und Halbzeug werde jeder Kartellierung die Grundlage entziehen, weil dann die tragenden Säulen des ganzen Kartellgebäudes der Eisenindustrie, Roheisensyndikat und Stahlwerksverband, einstürzen würden. Überhaupt sei die ganze handelspolitische Situation auf dem Weltmarkte einem Vorschlage auf Aufhebung der Zölle von Roheisen und Halbzeug in Deutschland so ungünstig wie nur möglich. Durch die Einführung der Einfuhrscheine für Halbzeug würden die reinen Werke kein billigeres Halbzeug erhalten als bisher, da das Angebot darin außerordentlich zurückgehen werde. Denn die gemischten Werke würden selbstverständlich bei der Verschlechterung, welche die Halbzeugpreise durch die Einführung der Einfuhrscheine erfahren müßten, vorziehen, in erhöhtem Maße Eisenbahnoberbaumaterialien und Formeisen statt Halbzeug herzustellen. Das aber werde naturnotwendig, da der Absatz in Oberbaumaterialien und Formeisen begrenzt sei, zur Sprengung des Stahlwerksverbandes führen. Die gemischten Werke müßten sich dann ganz und gar auf die Fabrikation der B-Produkte werfen und dabei natürlich sich selbst, an erster Stelle jedoch den reinen Werken, schaden. Deshalb habe man allen Grund, an dem bestehenden Schutzzollsystem festzuhalten. —

Sehen wir vorläufig einmal von einer Kritik der von den bei den Parteien vorgebrachten Argumente ab, so ist für die Geschichte der Organisationsbestrebungen der Stabeisenindustrie von Wichtigkeit festzustellen, daß alle diese Kämpfe überflüssig gewesen wären, wenn ein Stabeisensyndikat bestanden haben würde, das den reinen Werken die Ausnutzung des Zolls und genügend rentable Preise gesichert hätte. Ein Stabeisensyndikat wurde ja auch von beiden Parteien in den Denkschriften als das — wenn auch scheinbar unerreichbare — Ideal anerkannt. Da dieses Ideal sich nicht hatte verwirklichen lassen, hatten die reinen Werke zu dem verzweifelten Mittel gegriffen, die Aufhebung der Zölle auf Roheisen, Schrott und Halbzeug zu verlangen. Als nun auch dieser Ausweg nicht zum Ziele führte, besann man sich wieder auf den Kartellierungsgedanken. So ging man denn, als die Konjunktur sich bereits wieder in ansteigender Linie bewegte, dazu über, die abgebrochenen Kartellverhandlungen wieder aufzunehmen, um wenigstens aus der zu erwartenden Hochkonjunktur Nutzen ziehen zu können. Im Januar 1909 wurde eine besondere Kommission mit den Vorbereitungen betraut [21]). Langwierige Verhandlungen folgten, die aber, als Anfang Mai der Grobblechverband scheiterte, ebenfalls als aussichtslos eingestellt wurden, weil man sich wieder einmal nicht über die Frage der Beteiligungsziffer einigen konnte. Damals schlug Hoesch vor, an Stelle des nicht erreichbaren straffen Stabeisensyndikats eine Art Halbkartell [22]) zu bilden. Diesem interessanten Vorschlag gemäß sollte die Stabeisenproduktion quotisiert und die Ausfuhr subventioniert werden, während die Werke in allem andern ungebunden sein sollten — also ein Produktionskartell mit Unterstützung der Ausfuhr. Durch die Festsetzung der gesamten Erzeugungsziffern und der Anteile der einzelnen Werke

---

21) Berl. Jahrb., 1909, Bd. 1, S. 130.
22) Vgl. Zentralbl. d. H. u. W. vom 5. April 1909, Nr. 10.

sollte eine Überproduktion vermieden werden, indem auf jede Überschreitung der Beteiligungsziffer die hohe Strafe von 30 Mk. pro Tonne gelegt wurde. Also bliebe aber auch bei diesem Halbkartell die Schwierigkeit, die nun einmal mit der Feststellung der Beteiligungsziffer verbunden ist, bestehen. Zudem sollte noch für jede verkaufte, abgesetzte Tonne eine Abgabe von 5 Mk. gezahlt werden, um dafür einen Fonds für die Ausfuhr zu bilden, aus dem 15 Mk. für jede Tonne nach dem Ausland versandtes Stabeisen vergütet werden sollte. Man war der Ansicht, daß mit einer derartigen Stärkung des Auslandsmarktes eine Stärkung des Inlandsmarktes Hand in Hand gehen werde, indem durch die Regelung und Förderung des Absatzes nach dem Auslande gleichzeitig auf dem entlasteten Inlandsmarkte das Preisniveau in die Höhe geschraubt werden würde. Doch zeigte sich diese Kalkulation bei genauerer Betrachtung als nicht ganz einwandfrei. Man berechnete, daß der Ausfuhrfonds bei einer Ausgabe von 5 Mk. pro Tonne exportiertes Stabeisen sich höchstens auf 14 Mill. Mk. belaufen werde, während er in Wirklichkeit 20 Mill. Mark erfordere, so daß volle 6 Mill. Mk. ungedeckt bleiben würden. Ferner werde der wirkliche Nutzen der Ausfuhrvergütung doch nur 10 Mk. betragen, da von den 15 Mk. die Summe von 5 Mk., die nur aus der einen Hand in die andere gelange, in Abzug zu bringen sei. Auch sei die gleichmäßige Abgabe von 5 Mk. ungerecht, weil die einzelnen Werke an der Ausfuhr in ungleicher Weise beteiligt seien und die am meisten exportierenden Werke bevorzugt würden, wenn auch nicht zu verkennen sei, daß aus der Erhöhung der Inlandspreise alle Werke Nutzen ziehen würden. Unter diesen Umständen sei es besser, wenn man Abgabe und Vergütung nicht von vornherein genau festlege, sondern von Fall zu Fall der Marktlage anpasse. Auf diese Weise könnte es gelingen, Abgabe und Vergütung auf die gleiche Wechselwirkung zu bringen, in der eben Ausfuhr- und Inlandsgeschäft je nach den wechselnden Bedingungen des Weltmarktes zueinander ständen[23]. — Mit diesen Verbesserungen würde

23) Zentralbl. d. H. u. W. vom 5. April 1909.

vielleicht diese neuartige Form des Halbkartells gerade für eine Organisation der eigenartigen Verhältnisse in der Stabeisenindustrie zweckentsprechend gewesen sein und Aussicht auf einen Dauererfolg gehabt haben, wenn — ja wenn eben die Frage der Beteiligungsziffer in allgemein zufriedenstellender Weise hätte gelöst werden können. Aber gerade hieran scheiterte auch das Halbkartell wie die lange Reihe seiner Vorgänger. — Im September 1909 berief der Stahlwerksverband eine Konferenz rheinisch-westfälischer, lothringisch-luxemburgischer und oberschlesischer Werke [24]), auf der man beschloß, bis zum 30. September mit Abschlüssen pro 1910 allgemein zurückzuhalten. In gleichem Sinne verpflichtete man sich auf einer zweiten Konferenz am 23. September [25]), nicht vor dem 15. Dezember für das zweite Quartal 1910 zu verkaufen; zugleich wählte man wieder eine Kommission zur Begründung eines Stabeisenverbandes. Schon am 30. September kam dann eine Preis- und Konditionenkonvention zustande [26]), derzufolge alle Werke, mit Ausnahme von Hoesch, vereinbarten, bis zum 15. Dezember nur für das erste Quartal 1910 zu verkaufen, und zwar zum Minimalpreise von 102 Mk. Frachtbasis Oberhausen. Zugleich wurde schon über die Bildung eines festen Syndikats verhandelt. Am 11. November beschloß man dann eine Preiserhöhung, und am 4. Dezember die Verlängerung der Konvention um 1 Jahr [27]). Auch im Januar des neuen Jahres 1910 konnte eine Preiserhöhung vorgenommen werden, der jedoch bald wieder eine Preisherabsetzung folgte, da das außenstehende Stahlwerk Hoesch die Verbandspreise unterbot [28]). Um in Zukunft solchen Unterbietungen besser begegnen zu können, mußte die lose Konvention in straffere Formen gefügt werden. Die Konvention umfaßte bisher nur den Inlandsabsatz; auf einer Versammlung der Konventions-

---

24) Berl. Jahrb., 1909, Bd. 1, S. 130.
25) Ebenda.
26) Berl. Jahrb., 1909, Bd. 1, S. 130.
27) Berl. Jahrb., 1909, Bd. 1, S. 130.
28) Berl. Jahrb., 1910, Bd. 1, S. 122.

mitglieder vom 27. Mai 1910 [29]) wurde aber wieder der Gedanke der Bildung eines Halbkartells in Erwägung gezogen und eine Kommission zur Bearbeitung der Umwandlungsfrage bestimmt. Die Frage der Beteiligungsziffer sollte auf einen Antrag Hoesch-Stumm folgendermaßen gelöst werden [30]): Die Mitglieder des Stahlwerksverbandes erhalten ihre Stabeisenbeteiligungsziffern als Quote in dem neuen Stabeisenverbande zugeteilt. Für die Martinwerke wird ihr Stabeisenversand in der Zeit vom 1. Juli 1909 bis 30. Juli 1910 von maßgeblichem Einfluß für die Bestimmung ihrer Quote sein. Erhöht werden soll die so verrechnete Quote der Martinwerke noch um den Prozentsatz, mit welchem die Mitglieder des Stahlwerksverbandes während der angegebenen Zeit mit ihren wirklichen Versand hinter ihre Beteiligungsziffer zurückgeblieben sind. Der Verkauf sollte zwar den einzelnen Werken selbst überlassen bleiben, aber bestimmte Inlandspreise sollten festgesetzt werden. Um eine Ausfuhrvergütung, die 7,50 Mk. nicht erreichen sollte, zu erzielen, schlug man vor, auf jede Tonne eine Abgabe von 1,50 Mk. zu entrichten. Dieser Antrag Hoesch-Stumm, der eigentlich nur eine verbesserte Modifikation des bereits ein Jahr vorher von Hoesch gemachten Vorschlages bedeutete, fand diesmal bereitwillige Aufnahme. Auf einer Versammlung am 2. August 1910 wurde die Konvention bis zum 31. März 1911 unkündbar verlängert und der Ausfuhrvertrag von allen Konventionsmitgliedern, mit Ausnahme des Eisenhütten-Aktienvereins Düdelingen, unterzeichnet [31]). Der Vertrag, der für die Zeit vom 1. Oktober 1910 bis zum 31. März 1911 zunächst abgeschlossen wurde, hatte folgenden Inhalt [32]):

1. Alle Werke zahlen auf jede abgesetzte Tonne 1,50 Mk. in eine Ausfuhrkasse.
2. Aus der Kasse wird eine Rückvergütung von 6 Mk. für jede zur Ausfuhr gekommene Tonne gezahlt.

---

29) Kart. Jahrb., 1910, Bd. 1, Heft 2, S. 27.
30) Kart. Jahrb., 1910, Bd. 1, Heft 3, S. 34.
31) Kart. Jahrb., 1910, Bd. 1, Heft 3, S. 34.
32) Kart. Jahrb., 1910, Bd. 1, Heft 3, S. 34.

3. Reicht die Kasse für die Zahlung der Ausfuhrvergütung nicht aus, so wird diese im Verhältnis zu dem fehlenden Betrag herabgesetzt.

Diese eigenartige Kartellform schien in der Tat bei dem Stande der Verhältnisse der Stabeisenindustrie angemessener als ein festes Stabeisensyndikat, das die Bewegungsfreiheit der Werke vollkommen unterbunden haben würde. Das wäre aber gerade in Stabeisen, dem unentbehrlich gewordenen Ventil der gemischten Werke, gefährlich gewesen. Denn wenn eine feste Verkaufsstelle geschaffen worden wäre, hätten die Werke ihre Verkaufsorganisation aufgeben müssen, was aber angesichts der Möglichkeit der Auflösung des Stahlwerksverbandes binnen kurzer Zeit bedenklich erschien. Deshalb durfte man von der tatsächlich gewählten, den Werken mehr Freiheit lassenden Form, eine Besserung der Lage der Stabeisenindustrie wohl erhoffen. Aber bald tauchten neue Schwierigkeiten im Schoße der Stabeisenkonvention auf: Einige Mängel im Konventionsvertrage führten zu Preisunterbietungen von Händlerfirmen[33]). Eine Düsseldorfer Händlerfirma bot bei einer Verdingung der Eisenbahndirektion Köln Stabeisen um 5 Mk. unter dem Preise an, der von der Stabeisen-Vereinigung für Eisenbahnlieferungen festgesetzt war. Ähnliche Fälle kamen bei Bochumer, Kölner und anderen Händlerfirmen bei anderen Verdingungen der Eisenbahn vor. Auf einer daraufhin einberufenen Sitzung der Stabeisenkonvention ergab sich allerdings, daß die Händler das Stabeisen nicht von den Werken zu billigeren Preisen erhalten, sondern ohne Deckung unter dem Konventionspreise abgegeben hatten. Beschlüsse zur Verhinderung dieser Fälle sollten indes erst auf einer späteren Sitzung Mitte Januar gefaßt werden. — Weiter Unstimmigkeiten herrschten — ähnlich wie später beim Kohlensyndikat — in der Frage der Frachten für Bezüge auf dem Wasserwege[34]). Es stellte sich nämlich heraus, daß von den südwestdeutschen Industriebezirken

---

33) Kart. Rundsch., 1910, S. 985/986.

34) Vgl. hierzu: Kart. Rundsch., 1910, S. 881/882.

aus Stabeisen von Ludwigshafen auf dem Wasserwege nach dem Niederrhein billiger versandt werden konnten, als die Frachtbasis Oberhausen betrug, woraus die Händler natürlich Nutzen zu ziehen suchten. Diese Wasserfrachtenfrage suchte man prinzipiell dadurch zu lösen, daß man einen nach der geographischen Lage abgestuften, durchschnittlich 2 Mk. betragenden Aufschlag auf den Tonnenpreis all derjenigen Mengen Stabeisen erheben wollte, die auf Wasserstraßen transportiert wurden. Tatsächlich wurde die Frage aber doch anders gelöst, indem die Konventionsmitglieder mit Ausnahme von de Wendel beschlossen, für die Zukunft bestimmte Mindestpreise festzusetzen, ohne aber einen Aufschlag auf die Schiffsladungen zu erheben [35]). Zugleich bewilligte man dem Peiner Walzwerk, das sich durch das Vorgehen der kartellierten Berliner Eisengroßhändler zur Unterbietung der Konventionspreise veranlaßt gesehen hatte, bestimmte Mengen nach dem Osten hin billiger zu verkaufen [36]). Um die Macht des Kartells zu stärken, trat man mit der Hüstener Gewerkschaft, der Friedrich-Wilhelms-Hütte in Troisdorf und dem Façoneisenwalzwerk Mannstädt in Kalk zwecks Beitritt in Verhandlungen. Durch die verschiedenen Unterbietungen gereizt, schien man jetzt überhaupt wieder gewillt, der Konvention ein festeres Gefüge zu geben und sie in ein Syndikat umzuwandeln, um eine kraftvolle und erfolgreiche Preispolitik wirklich durchsetzen zu können. Ansätze hierzu zeigten sich in dem Vorschlag [37]), den die Firma Gebr. Stumm in Neunkirchen der Versammlung der Konventionsmitglieder am 18. Januar 1911 unterbreitete und der dahin ging, „den inländischen Absatz zu kontingentieren und gleichzeitig die Möglichkeit einer Produktionseinschränkung bis zu 5 Proz. zu schaffen". Am 7. Februar beriet man über einen neuen Syndikatsvertrag [38]), der an die Stelle des mit dem 31. März des Jahres ablaufenden Konventionsvertrages in Kraft treten sollte, und setzte eine Kommission zur Neu-

35) Kart. Jahrb., 1911, Bd. 1, Heft 4, S. 32/33.
36) Kart. Rundsch., 1910, S. 882.
37) Kart. Jahrb., 1911, Bd. 2, Heft 1, S. 31.
38) Kart. Jahrb., 1911, Bd. 2, Heft 1, S. 31.

einschätzung der Beteiligungsziffer ein. Das Ausfuhrabkommen sollte erweitert werden durch eine Erhöhung der Ausfuhrvergütung von 6 Mk. auf 12 Mk. Mit den Martinwerken, die an der Ausfuhr nur wenig Interesse hatten, wollte man ein Sonderabkommen treffen. Sie sollten nur eine Mark pro Tonne ihrer Produktion zahlen, dafür aber ihren Absatz kontingentieren. Die Stahlwerksverbandswerke sollten dagegen 2,50 Mk. pro Tonne als Abgabe zahlen und keine Erhöhung ihrer festgesetzten Quote vornehmen. Schließlich scheiterte die Erneuerung der Konvention doch noch in letzter Stunde, als das Stahlwerk Hoesch seinen Beitritt nur für den Fall erklärte, „daß der Export völlig freigegeben und durch die Konvention lediglich die Ausfuhr erleichtert werde, indem die erhöhte Ausfuhrvergütung aus Abgaben von Inlandsabsatz gewährt würde und im übrigen die Bemessung der Verkaufspreise freigestellt bleibe“ [39]). Dadurch war natürlich eine Verlängerung der Konvention oder gar ihre Überführung in ein festes Syndikat ein Ding der Unmöglichkeit geworden. Wie unsicher die Lage auch schon vorher gewesen war, geht aus dem Geschäftsbericht der Königin-Marien-Hütte hervor [40]), in dem die Lage folgendermaßen charakterisiert wird: „Unterbietungen von Konventionspreisen durch Konventionswerke (also nicht bloß Händler!) treten zuerst sporadisch, dann fast allgemein auf und haben zu Ende des Jahres 1910 wesentlich niedrigere Preise gezeitigt.“ Unter diesen Umständen war es nicht weiter verwunderlich, daß am 7. März 1911 die Verhandlungen als „ergebnis- und aussichtslos“ eingestellt werden mußten und die Konvention am 31. März 1911 aufgelöst wurde [41]). Der Firma Gebr. Stumm in Neunkirchen, die auch bei Bestehen der Konvention sich schon als syndikatsfreundlich erwiesen hatte, gelang es, die Saar-Lothringer und Luxemburger Werke für eine Konvention [42]) zu gewinnen, die einen Mindestverkaufspreis von 105 Mk. Frachtbasis Neunkirchen festsetzte. Erfolglos blieb

39) Kart. Jahrb., 1911, Bd. 2, Heft 1, S. 32.
40) Zitiert ebenda.
41) Ebenda.
42) Ebenda.

demgegenüber die von der Vereinigung rheinisch-westfälischer Bandeisenwerke angestrebte Bildung eines ganz Deutschland umfassenden Bandeisen-Verbandes [43]). Auch von der süddeutschen Vereinigung hörte man bald, daß sie de facto nicht mehr bestehe und daß man ein festes Stabeisensyndikat mit neutraler Verkaufsstelle als das einzige Mittel ansehe, die Preisfrage tatsächlich zu lösen [44]). Im Juni 1911 versammelte sich ein Teil der ehemaligen Mitglieder der Stabeisenkonvention noch einmal zu Abrechnungszwecken. „Zu dieser Zusammenkunft waren aber etwa 60 Proz. der früheren Mitglieder erschienen. Allgemein war unter den erschienenen Werken die Stimmung recht gedrückt. Man hielt auch nicht mit dem Bedauern darüber zurück, daß man die Konvention aufgelöst hatte. Es wurde angeregt, daß sich die Werke wenigstens für einen kurzen Zeitraum binden sollten, aber auch diese Anregung fand nicht allgemeinen Anklang. Dagegen einigte man sich dahin, daß man etwa gegen Ende Juli wieder zusammenkommen wolle, so daß also der Zusammenhang der Werke nicht völlig aufhören wird.“ [45]) In der Tat kam auf der Versammlung am 28. Juli 1911 so etwas wie eine Preiskonvention zustande: „Die Vertreter halten dafür,“ so heißt es in dem Bericht des Kartell-Jahrbuchs [46]), „daß für den Verkauf von Stabeisen ein Preis, der für Thomasqualität unter 102 Mk. ab Oberhausen für das Inland und unter 60 Mk. netto frei ab Antwerpen für das Ausland liegt, nicht mehr eingeräumt werden solle.“ Das ist allerdings wohl — abgesehen von der Konditionenkonvention — die loseste Kartellierungsform, die man sich vorstellen kann. Indes sollte aber auch das Ausfuhrabkommen wieder erneut ins Leben gerufen werden. Es hatte eben wieder eine Zeit festerer Preise und lebhafteren Bedarfs in Stabeisen eingesetzt und man hoffte wieder einmal, die gute Marktlage durch ein festes Stabeisensyndikat besser auszunützen. Gerade deshalb konnte man sich von der einsetzenden Kartellbewegung

43) Berl. Jahrb., 1911, Bd. 1, S. 115.
44) Kart. Jahrb., 1911, Heft 2, S. 114.
45) Kart. Jahrb., 1911, Heft 2, S. 114.
46) Kart. Jahrb., 1911, Heft 3, S. 241.

mehr versprechen als in der Zeit der allgemeinen Not, wo jeder mißtrauisch auf den andern sah und eifrig bestrebt war, ihm jeden Auftrag abzujagen. Zudem warf jetzt auch schon wieder die Erneuerung des Stahlwerksverbandes ihre Schatten voraus. Im Zusammenhang mit der Erneuerung wurde wieder einmal der alte Plan erörtert, Stabeisen zu syndizieren und den syndizierten Produkten des Stahlwerksverbandes zuzuordnen. Zunächst suchten allerdings mehrere oberschlesische Werke die Frage auf eine andere Weise zu lösen, indem sie eine Verständigung anstrebten, die dahin zielte, daß jedes Werk Stabeisen nur in bestimmten Größen herstellen sollte, um so eine Verbilligung der Selbstkosten herbeizuführen [47]). Die Stabeisenwerke des Stahlwerksverbandes versammelten sich aber Ende 1911, um — wiederum auf Antrag der Firma Gebr. Stumm — einen festen Verband zu gründen und wählten zu dem Ende eine Kommission [48]). Im Oktober 1911 verlautete dann, daß eine Anzahl großer gemischter Werke einen Inlandspreis ab Oberhausen mit $1^1/_2$ Proz. Skonto oder 103 Mk. netto als Minimalpreis vereinbart hätten [49]). Aber die eingesetzte Kommission trat nicht einmal zusammen, da die Werke das Interesse an der Gründung eines Stabeisenverbandes schnell wieder verloren hatten [50]). Sie suchten jetzt unter allen Umständen eine Erhöhung ihrer Beteiligungsziffer in Stabeisen vom Stahlwerksverbande zu erlangen, um bei dessen Erneuerung mit hohen Neuforderungen auftreten zu können. Die Quotenjagd setzte ein und machte allen Verhandlungen über den Stabeisenverband ein Ende. In keinem Produkte aber war die Quotenjagd stärker als gerade in Stabeisen! Daß bei der Erneuerung des Stahlwerksverbandes die über den Bedarf weit hinausschießenden Phantasiequoten der Werke in Stabeisen nicht bewilligt werden konnten, war klar, und so war es nur als ein naturnotwendiges Ergebnis der Entwicklung der letzten Jahre anzusehen, daß am 30. April 1912 bei der Verlängerung des Stahl-

47) Vgl. Kart. Jahrb., 1911, Heft 3, S. 241.
48) Ebenda.
49) Ebenda.
50) Kart. Rundsch., 1911, S. 888.

werksverbandes um 5 Jahre die Stabeisenproduktion nicht wieder kontingentiert, sondern ebenso wie die der anderen B-Produkte freigegeben wurde. Dadurch wurde die Kartellentwicklung der deutschen Eisenindustrie gewissermaßen wieder auf den status quo vor Gründung des Stahlwerksverbandes zurückgeschraubt, denn auch damals hatten für die späteren A-Produkte schon feste Kartelle bestanden. Die Aufgabe des Stahlwerksverbandes hatte es doch gerade sein sollen, das Kartellgebäude der Eisenindustrie zu vollenden, indem er die Syndizierung der B-Produkte — besonders von Stabeisen — durchführte. „Der Antrag auf Aufhebung der Kontingentierung der B-Produkte", sagte Alfred Kirdorf während der Erneuerungsverhandlungen [51]), „bedeutet eine vollständige Verkennung des Grundgedankens des Stahlwerksverbandes. Ohne Kontingentierung in B gibt es keinen Stahlwerksverband." Allerdings muß man auch den Einwand [52]) als stichhaltig anerkennen, daß unter den gegebenen Verhältnissen praktisch zwischen der Neukontingentierung mit Phantasiequoten und der Aufhebung der Kontingentierung kaum ein tatsächlich bedeutsamer Unterschied lag. Immerhin war aber durch die völlige Aufhebung der Kontingentierung die Möglichkeit, Stabeisen zu syndizieren, in immer weitere Fernen entrückt, da jetzt auch die letzte Grundlage für ein geschlossenes Zusammengehen in der Stabeisenverbandsfrage, das Band, das die gemischten Werke untereinander wenigstens durch die Gemeinsamkeit der Kontingentierung von Stabeisen zusammengehalten hatte, geschwunden war. Zudem war bisher der zügellosen Freiheit in der Produktion der B-Produkte doch in etwa eine Fessel auferlegt gewesen durch die Zahlung der Strafe bei jeder Überschreitung des Kontingents. Das alles fiel jetzt weg, wo der Stahlwerksverband nur noch ein „Torso" war. Sicher war auch, daß die reinen Werke von jetzt an noch um so mehr unter der bestimmt zu erwartenden Verschärfung des Wettbewerbs der gemischten Werke zu leiden haben und in steigendem Maße zur Verschmel-

51) Zitiert in der Kart. Rundsch., 1912, S. 464.
52) Zitiert in der Kart. Rundsch., 1912, S. 467.

zung mit diesen gedrängt werden würden. Diese Entwicklung konnte nur durch die Bildung eines Stabeisenverbandes gehemmt werden. Inzwischen aber war die Stabeisenproduktion völlig zu den ehemaligen anarchischen Verhältnissen der vorsyndikatlichen Zeit zurückgekehrt. Immerhin wurde die Syndizierung der B-Produkte und besonders wieder des Stabeisens ins Auge gefaßt. Im Mai 1912 hörte man von der Ernennung einer Kommission, welche die Vorarbeiten für die Gründung eines Stabeisenverbandes in die Hand nehmen sollte [53]). Voerst war aber für die Syndizierung kein Boden vorhanden, da die erhebliche Mehrproduktion in Stabeisen infolge der glänzenden Konjunktur glatten Absatz finden konnte und die erzielten Preise sich allgemein gewinnbringend stellten. Aber schon damals bemerkte man ganz richtig [54]), daß später wohl die Not dazu zwingen werde, die Verhandlungen über die B-Verbände wieder aufzunehmen. Wenn aber die neue Krise erst hereingebrochen sei, dann sei es zu spät, da dann Verluste unvermeidlich seien. Darum solle man schon jetzt an die Bildung der B-Verbände, vor allen Dingen in Stabeisen, herantreten. Zugleich solle man dann hierbei eine Regelung der Verhältnisse von Stabeisen-Fabrikanten und -Händlern nach dem Muster der Syndikate für Kohle und Formeisen vornehmen, denn solange kein festes Syndikat in Gestalt eines Stabeisen - Produzentenkartells bestehe, könnten sich auch die Stabeisenhändlerkartelle nicht ausbauen. Indes verflog der Eifer, mit dem der Gedanke der Bildung von B-Verbänden anfangs aufgegriffen worden war, recht schnell wieder, da eine Anzahl von Werken deshalb einer Bindung noch widerstrebten, weil sie mit dem Ausbau der Werke noch nicht zu Ende gekommen waren. Infolgedessen ruhten die Bestrebungen im Herbst und Winter des Jahres 1912. Erst im Frühjahr des Jahres 1913 wurden sie wieder aufgenommen. Aber erst, als Mitte 1913 die rückläufige Konjunkturbewegung einsetzte und die Preise für Stabeisen besonders stark zu weichen begannen,

53) Kart. Rundsch., 1912, S. 561.
54) Kart. Rundsch., 1912, S. 917/918.

kamen die Verhandlungen wieder recht in Fluß. Die Initiative ging auch diesmal wieder von der Firma Gebr. Stumm aus, auf deren Veranlassung am 4. Juni 1913 eine Besprechung der Stabeisenwerke zwecks Stellungnahme zur Verbandsbildung stattfinden sollte [55]). Auf dieser in Köln stattfindenden Versammlung kam man tatsächlich ein gut Stück weiter, indem man sich einigte, ein Inlandssyndikat für Stabeisen zu gründen, während das Auslandsgeschäft nur unterstützt werden sollte. Das neue Syndikat sollte am 1. Januar 1914 in Kraft treten unter Führung von Direktor Nothmann als Geschäftsführer und von Bodenhausen (Krupp) als Vorsitzenden. Zugleich setzten die Werke einen vorbereitenden Ausschuß ein und verpflichteten sich, nicht über Jahresende hinaus zu verkaufen. Mit aller Energie widmete sich dieser Ausschuß der schwierigen Aufgabe und schuf ein die Grundlagen des Verbandes bestimmendes Statut, das allen Werken zugestellt wurde. Die Firma de Wendel machte damals sogar den utopistisch klingenden Vorschlag, unter gleichzeitiger Verlängerung des Stahlwerksverbandes auf weitere 5 Jahre ein Stabeisensyndikat auf 10 Jahre zu bilden. Wenn es auch fast von vornherein klar war, daß die Verwirklichung dieses Vorschlags ausgeschlossen sei, so zeigte er doch immerhin, daß man eifrig bestrebt war, unbedingt etwas Ganzes und Dauerndes zu schaffen. Die größte Schwierigkeit bot natürlich wieder die Lösung der Quotenfrage. In dieser Hinsicht mußte einmal eine Einigung mit den Siemens-Martinwerken — die eigentlichen reinen Walzwerke spielten jetzt kaum mehr eine Rolle — erzielt werden. Zum anderen rief die Bemessung der Beteiligung für die neuen großen Werke in Lothringen allerlei Schwierigkeiten hervor, weil die alten Werke diesen neuen lothringischen Riesenwerken nur eine verhältnismäßig geringe Beteiligung gewähren wollten. Von besonderem Interesse war auch die Frage, ob man als Sitz des erstrebten Stabeisensyndikats Düsseldorf, den Sitz des Stahlwerksverbandes, oder

55) Vgl. hierzu und zum folgenden die Berichte des B. B. C. aus dieser Zeit.

Essen wählen solle. Essen kam deshalb in Betracht, weil dort der zukünftige Vorsitzende, das Mitglied des Krupp-Direktoriums, von Bodenhausen, seinen Wohnsitz hatte, der dann in enger, täglicher Fühlung mit der Geschäftsführung stehen konnte. Düsseldorf wollte man deshalb nicht wählen, weil man das Stabeisensyndikat nicht als „Anhängsel des Stahlwerksverbandes" zu etablieren geneigt war. Das erstrebte Stabeisensyndikat sollte — und das kommt gerade in Wahl des Sitzes so recht zum Ausdruck — im Gegensatz zu den früheren Bestrebungen ein „selbständiges Gebilde" sein. Aus diesem Grunde einigte man sich auf Essen. Auch über die Fracht-Überpreise und die Qualitätsfrage wurde in den grundlegenden Punkten Übereinstimmung erzielt. Diesmal war man wirklich „von dem ernsten Willen getragen", etwas Positives zustande zu bringen[56]), und schon hatte man sich in allen Punkten des Vertrages geeinigt — bis auf das Quotenproblem! Von der Lösung dieses Problems, demgegenüber all die anderen Fragen nur von sekundärer Bedeutung waren, hing doch schließlich das Zustandekommen des Ganzen ab. Thyssen wollte solange von einem Stabeisensyndikat nichts wissen, als man ihm nicht für sein Hagendinger Werk die Riesenbeteiligung von 250 000 t zugestehe. Diese Forderung wurde aber von den anderen Werken als gänzlich unerfüllbar zurückgewiesen, zumal Gelsenkirchen und Burbach, die doch auch erhebliche Neuanlagen geschaffen hatten, nur Bruchteile der für Hagendingen geforderten Beteiligung beanspruchten, trotzdem ihre Neuanlagen im Gegensatz zu denen Thyssens durch einen reichen Erzbesitz fundiert waren. Aber nichtsdestoweniger beharrte Thyssen hartnäckig auf seinem Standpunkt und erklärte nunmehr seine grundsätzlichen Bedenken gegen die erstrebte Kartellform überhaupt[57]): Eine wirklich zweckdienliche und großzügige Organisation in der Verbandsbildung der B-Produkte sei nur möglich, wenn die Gesamtrohstahlziffer kon-

---

56) B. L.-A. vom 10. Juli 1913.

57) Vgl. eine Zuschrift der Gewerkschaft Deutscher Kaiser an die K. Z., veröffentlicht am 11. Juli 1913.

tingentiert und auf die einzelnen Erzeugnisse unterverteilt werde. Eine Verbandsbildung, die nur für das Inland erfolgen solle, habe den großen Nachteil, daß diejenigen Erzeugnisse, welche übrigbleiben und nicht gebunden würden, unter verschärften Preisdruck geraten würden, was besonders bei den heutigen Verhältnissen nicht erwünscht erscheine. Ferner würden bei einem bloßen Inlandsverband den inländischen Verbrauchern hohe Preise abverlangt, während die ausländischen Wettbewerber wesentlich billiger kaufen und den Einheimischen eine unüberwindliche Konkurrenz machen könnten. — So richtig diese Gedankengänge im Einzelnen sein mögen, so waren es doch eben nur Gründe, um die hohe Quotenforderung Thyssens zu umkleiden und zu rechtfertigen. Tatsächlich zerfloß denn auch das ganze Gebilde, das mit solcher Mühe und Energie bis dahin zusammengefügt war, wieder einzig und allein infolge der unüberwindbaren Hindernisse, welche sich der Lösung der Quotenfrage entgegenstemmten, da Thyssen hartnäckig auf seinen Forderungen bestand und zumal jetzt auch noch andere Konzerne — wie Phönix — erhöhte Forderungen stellten. So fanden auch diese Bestrebungen, ein Stabeisensyndikat zustande zu bringen, das gleiche ruhmlose Ende wie ihre lange Ahnenreihe.

Nach einer Zeit des allgemeinen Pessimismus setzten Mitte 1914 die Verhandlungen wieder ein, als Direktor Haßlacher von den Rheinischen Stahlwerken die Zustimmung seiner Firma zur Erneuerung des Kohlensyndikats von der Syndizierung der B-Produkte abhängig machte. Kurz danach trat Kommerzienrat Eich von den Mannesmann-Werken mit Syndizierungs-Vorschlägen[58]) hervor, die als ein neues Programm für das gesamte Syndikatswesen der Eisenindustrie bezeichnet wurden. Hatte man sich bisher bemüht, Einzelverbände für die wichtigsten B-Produkte ohne besonderen inneren Zusammenhang zu-

---

58) Der Wortlaut dieser Vorschläge ist wegen ihrer grundsätzlichen Bedeutung für das Problem der Organisierung der gesamten Eisenindustrie im Anhang, Anlage 6, gegeben. Über die Diskussion, die sich an die Vorschläge anschloß, berichtet die Kart. Rundsch., 1914, S. 600 ff.

stande zu bringen, so zielten die Eichschen Vorschläge auf eine umfassende und organische Syndizierung der gesamten B-Produkte, auf einen vollständigen Ausbau des Stahlwerksverbandes und darüber hinaus: auf eine völlige Durchorganisierung der gesamten Eisenindustrie ab. — Die Kardinalfrage, das Quotenproblem, suchte Eich folgendermaßen zu lösen[59]: Die Syndizierung aller B-Produkte muß gleichzeitig auf einer einheitlichen Grundlage erfolgen. Diese Grundlage bildet die Rohstahlproduktion eines jeden Werkes — sowohl die Produktion der B- als auch der A-Produkte — einschließlich der Zukäufe in Stahl oder Halbzeug, die innerhalb der Einschätzungszeit nachgewiesenermaßen abgewickelt worden sind. Neben dieser „Besitzquote" ist noch eine „Leistungsquote" zu gewähren. Zu dem Zwecke werden die Werke nach ihrer Leistungsfähigkeit eingeschätzt; Zuweisungen an diese Leistungsquote erfolgen aus den eingehenden Bestellungen, sobald die Besitzquote erfüllt ist. An dem Verkaufsgewinn, der sich aus dem Überschuß der augenblicklichen Marktpreise über die Syndikats-Verrechnungspreise ergibt, nehmen die Werke sowohl mit der Besitz- wie mit der Leistungsquote teil. Vor allem aber muß der künftige Weiterausbau geregelt werden. Sämtliche Werke müssen sich deshalb verpflichten, innerhalb der Syndikatsdauer keine Neuanlagen zu schaffen, solange die Leistungsquote sämtlicher Werke durch die Verkäufe des Syndikates noch nicht erfüllt ist. Erst wenn der Konsum in die Leistungsfähigkeit hineingewachsen ist oder die Syndikatsleitung den Zeitpunkt dafür voraussieht, können die Werke an der mutmaßlichen Absatzsteigerung nach Maßgabe ihrer Besitzquote beteiligt werden. Diese dritte Quote, die sogenannte „Bauquote", können die Werke an andere Syndikatsmitglieder zu einem maximal begrenzten Preis verkaufen. — An diese wohldurchdachten Vorschläge zur Quotenregelung schloß Eich solche über Einführung eines vollkommenen Pro-

59) Vgl. Anhang, Anlage 6.

duktionsschutzes des Stahlwerksverbandes gegenüber den reinen Walzwerken und umgekehrt, sowie der reinen Walzwerke und der Stahlwerksverbandswerke unter sich an: daß z. B. ein Werk, das bisher kein Stabeisen gewalzt habe, auch in Zukunft während der Verbandsdauer keine Stabeisenwalzwerke errichten solle usw. Aber der Besitzstand sei nicht nur durch die Mitglieder unter sich zu schützen, sondern auch gegen jede neue Konkurrenz, und zwar durch das schärfste Mittel des Organisationszwanges der Kartelle, die Materialsperre: Sämtliche Mitglieder müssen die Verpflichtung übernehmen, an neu entstehende Konkurrenz die Lieferung von Rohmaterial oder Halbzeug nur im Einvernehmen mit den B-Verbänden zu liefern. Innerhalb verwandter Produktionen kann ein Produktionsausgleich dann erfolgen, wenn der Absatz in dem einen oder andern Fabrikat zurückbleibt, dagegen in verwandten Fabrikaten die Möglichkeit eines Mehrabsatzes vorhanden ist. — Daß die ganze Produktion sowohl des Inlandes wie des Auslandes erfaßt und die Syndikatsverträge auf die Dauer von mindestens 10 Jahre abgeschlossen werden sollten, entsprach dem ganzen Charakter der Vorschläge.

Die Eichschen Vorschläge wurden eifrig erörtert und von den Leitern der übrigen Unternehmungen als eine „geistvolle Leistung" anerkannt; über die Zweckmäßigkeit der Berechnung der Beteiligungsziffer auf Grundlage der Rohstahlerzeugung war man sich auch ziemlich einig. Bedenken tauchten aber vornehmlich gegen die Bauquote auf. Ehe man sich über das Für und Wider recht entschieden hatte, brach der Krieg aus und setzte allen Verhandlungen ein Ende.

IV. Die Kriegszeit.

Anfang 1915 gelang es dann dem Generaldirektor der Firma Gebr. Stumm, Th. Müller, durch neue Vorschläge neue Verhandlungen anzuregen. Müller, der früher bereits für einen festen Stabeisenverband eingetreten war, forderte jetzt die Begründung eines Rohstahl-Verbandes. Auch er stellte als wesentliche Vorbedingung für die Bildung von B-Verbänden die Regelung der Frage der Beteiligungsziffer durch Festlegung der Rohstahlerzeugung auf. Diese wichtigste Aufgabe sollte aus Zweckmäßigkeitsgründen ein für allemal einem besonderen Rohstahlverbande anvertraut werden, der sich auch die Förderung des Rohstahlabsatzes — insbesondere die Propaganda im Auslande — angelegen sein lassen sollte. Eine Reihe von Einzelverbänden sei einem einzigen Verbande für alle Produkte vorzuziehen, weil die Erzeugnisse der Stahlwerke so mannigfacher Natur seien, daß sie eine sorgsame, ins Einzelne gehende Behandlung verlangten und das Ganze von einer Stelle aus nicht übersehen und bewältigt werden könne. In dem abzuschließenden Vertrage sei ein Verband anzustreben, dem nur die Regelung der Rohstahlerzeugung und die Förderung des Rohlstahlabsatzes obliege, der es jedoch weiteren Verträgen überlasse, die notwendigen Verkaufsorganisationen zu bilden. — Außerdem übernahm Müller die Bestimmungen der Eichschen Vorschläge über Produktionsschutz und Produktionsausgleich.

Die Müllerschen Vorschläge führten ebensowenig wie die Eichschen zu einem vollen praktischen Erfolg: Statt der auf dem Fundament des Rohstahlverbandes angestrebten festen Spezial-Verkaufsorganisation kam es nur zur Bildung von losen Verbänden für einzelne B-Produkte. Unter dem Druck des von der Regierung für Stabeisen und andere Walzwerkserzeugnisse erlassenen Ausfuhrverbotes entstanden, trugen diese mehr den Charakter von auf die besonderen Verhältnisse des Krieges zugeschnittenen Kriegsorganisationen, waren mehr Kontrollorgane für den Absatz deutscher Eisenerzeugnisse ins Ausland, als Verkaufsorganisationen der Industrie. Die Regierung gewann im Verlauf des Krieges natürlich ein steigendes Interesse daran, daß in erster Linie der stark gesteigerte Heeresbedarf befriedigt werde und keine deutschen Walzwerkserzeugnisse — auch nicht über das neutrale Ausland — an die Feinde gelangten. Infolgedessen nahm sie die Regelung der Ausfuhr selbst in die Hand, erließ am 28. September 1916 ein Ausfuhrverbot für Eisen- und Stahlerzeugnisse, traf Handelsabkommen mit den neutralen

Staaten und richtete — meist im Anschluß an bestehende Syndikate — Zentralstellen für Ausfuhrbewilligungen ein [1]). Ausfuhranträge für Stabeisen usw. mußten der im Anschluß an den Stahlwerksverband errichteten „Zentralstelle für Stabeisen" eingereicht werden. Für die Ausfuhr oberschlesischen Eisens nach den östlichen Ländern wurde die „Stabeisen-Ausfuhrstelle Ost" in Berlin eingerichtet. Die Ausfuhr wurde nach Waren und Ländern kontingentiert, und zur Besserung des deutschen Währungsstandes wurden Mindestpreise vorgeschrieben.

Natürlich waren diese Maßnahmen der Regierung zur Regelung der Ausfuhr bis zu einem gewissen Grade geeignet, die Kartellierung auch des Inlandsabsatzes zu fördern und den Anstoß zur Bildung und Erneuerung der Inlandskonventionen zu geben. Inzwischen war das Rohstahlverband-Projekt durch den Plan der Bildung eines Deutschen Stahlbundes verdrängt worden. Hatte schon der Rohstahlverband die Verfolgung von allgemein wirtschaftlichen Interessen vorgesehen, so traten diese beim Deutschen Stahlbund durchaus in den Vordergrund. Zwar war auch hier die Syndizierung der B-Produkte die Voraussetzung; aber der neue Stahlbund sollte kein Verkaufssyndikat, sondern ein wirtschaftlicher Verband [2]) sein. Als seinen Hauptzweck dachte man sich die Pflege der Verbandsbildung und den Schutz der bestehenden Verbände, sowie die Verfolgung der gemeinsamen wirtschaftlichen Ziele im In- und Auslande, insbesondere die Förderung des Auslandsabsatzes. Der Deutsche Stahlbund-Vertrag [3]) sollte am 1. Junaur 1916 in Kraft treten, vorausgesetzt, daß bis dahin die Verbände in den vier Gruppen: Stabeisen, Draht, Bleche und Röhren auf eine Dauer von mindestens 10 Jahren zustande

---

1) Vgl. Merkblatt für die Ausfuhr von Eisen- und Stahlerzeugnissen, herausgegeben von der Zentralstelle für Ausfuhrbewilligungen von Eisen- und Stahlerzeugnissen, Berlin 1917.

2) Rh.-Westf. Z. vom 6. Juli 1915.

3) Einen Auszug aus dem Satzungsentwurf des Deutschen Stahlbundes gibt die Kart. Rundsch., 13. Jahrg., Heft 6/7.

gekommen seien und der Stahlwerksverband auf die gleiche Dauer verlängert sei [4]). Diese weitgehenden Voraussetzungen wurden natürlich keineswegs erfüllt. Wenn auch — vornehmlich in Stabeisen und Grobblechen — Ausfuhrverbände, die nach einer festeren Form strebten, ins Leben traten und Inlandskonventionen gebildet wurden, so führten die letzteren doch nur ein Scheindasein: von irgendwie straffer gefügten Verbänden, wie sie als Voraussetzung des Stahlbund-Vertrages gefordert worden waren, konnte da nirgendwo die Rede sein. Die endgültige Lösung des Problems der Syndizierung der B-Produkte und die Verlängerung des Stahlwerksverbandes auf längere Dauer wurde auf die Zeit nach Friedensschluß verschoben. Trotzdem kam der Stahlbund zustande, und allmählich bildete sich folgendes Verhältnis heraus [5]): „Die Preisfestsetzungen erfolgen durch den Deutschen Stahlbund in Düsseldorf, für A-Produkte im Einvernehmen mit dem Stahlwerksverband, für B-Produkte mit einem von den Werken gewählten Ausschuß. Der Beauftragte des Kriegsministeriums hat nach Prüfung der Unterlagen seine Genehmigung zu geben; ohne diese Genehmigung dürfen neue Festsetzungen nicht vorgenommen werden. In ähnlicher Weise werden die Preise für den Wiederverkauf des Handels zur Lieferung ab Werk und ab Lager festgesetzt, die festgesetzten Preise haben als Endpreis zu gelten."

Im Anschluß an die Verhandlungen zur Verlängerung des Stahlwerksverbandes, die schließlich provisorisch bis zum 31. Juni 1918 erfolgte, wurde der Gedanke wieder aufgegriffen, einen Ausbau des Stahlwerksverbandes durch eine durchgreifende Verbandsbildung in den B-Produkten zu bewirken. Aber im Hinblick auf die unsicheren Kriegsverhältnisse kam man doch wieder davon ab. Die Bildung von Einzelverbänden wurde jedoch als erstrebenswert anerkannt. Mitte 1917 kam dann — etwas überraschend — die Nachricht [6]), daß die Errichtung eines Stabeisenverbandes für das Inland, der die Produktion

4) V. Z. vom 8. Juni 1916.
5) Fr. Z. vom 13. April 1917.
6) Fr. Z. vom 14. Juni 1917.

der Werke kontingentieren und eine gemeinsame Verkaufsstelle im Anschluß an den Stahlwerksverband und den Deutschen Stahlbund in Düsseldorf haben sollte, unmittelbar bevorstehe. Auch dieser Verband sollte allerdings zunächst nur für die Dauer des Krieges in Wirkung treten, um dann nach dem Kriege bei der alsdann zu erwartenden generellen Regelung der Verbandsfrage eine straffere Organisation und eine mehrjährige Vertragsdauer zu erhalten. Bei dem weitgehenden Einfluß, den die amtlichen Stellen auf die Erzeugung der Werke und die Preisfestsetzung ausüben, ergibt sich für den neuen Stabeisenverband nur ein sehr begrenzter Wirkungskreis, und für die Werke ist infolgedessen das Risiko beim Beitritt zu dem Verbande nicht allzu groß, wie auch aus den folgenden Hauptbestimmungen des Vertragsentwurfes hervorgeht [7]. Danach wird der Stabeisenverband zwischen den den Verband bildenden Werken und dem Stahlwerksverband Düsseldorf abgeschlossen. Zweck des Verbandes ist die Regelung der zollinländischen Erzeugung und des Absatzes in warmgewalzten Walzeisen, vor allem: Stabeisen, Bandeisen und Universaleisen, mit Ausnahme von gewissen breitflanschigen Trägern und Walzdraht, insoweit er unter den Begriff der Produkte des früheren Walzdrahtverbandes fiel; einbezogen sind ferner: der zum Einschmelzen nachweislich verwendete Stabeisenschrott, das weitere Schweißeisen, Bessemerstahl, Elektrostahl, Tiegelstahl sowie alle Arten von legiertem Stahl. — Der Rahmen der in dem Stabeisenverbande einbegriffenen Erzeugnisse ist also sehr weit gespannt und umfaßt einen bedeutenden Teil der gesamten B-Produktion. — Am Absatz sind die Werke gleichmäßig beteiligt. Als Beteiligung gilt der Absatz von drei aufeinander folgenden Monaten mit der höchsten Versandzahl innerhalb der Zeit vom 1. Januar 1916 bis zum 31. Mai 1917 auf ein Jahr berechnet. Der Eigenbedarf wird nach freien Entschließungen in die Beteiligung aufgenommen oder bleibt unberücksichtigt. — Wichtig und kennzeichnend für das geringe Risiko der dem Verbande beitretenden Werke ist die Bestim-

7) D. Bgw. Z. vom 27. Juli 1917.

mung, daß den Mitgliedern des Verbandes das Recht zusteht, eine Erhöhung der Beteiligung zu fordern. Die Entscheidung hierüber liegt bei der Hauptversammlung; lehnt diese den Antrag ab, so kann das betreffende Werk den Verband mit dreimonatlicher Frist kündigen. Der Verkauf bleibt den einzelnen Werken überlassen; er unterliegt aber der Zustimmung der Mitgliederversammlung. Deshalb soll bei den Abschlüssen ein entsprechender Vorbehalt getroffen werden. Für die Überschreitung der Abmachungen sind die üblichen Konventionalstrafen vorgesehen. Der Verbandsvertrag endet vier Monate nach Aufhören des Kriegszustandes.

Trotzdem auch für den Rest der B-Produkte sofort wieder Verhandlungen zur Bildung von festen Verbänden einsetzen, erscheint es doch fraglich, ob diesem Stabeisenverband in der vorliegenden Form weitergehende Bedeutung für die Erstarkung des Verbandsgedankens beigemessen werden darf. Eine grundsätzliche Entscheidung über die Organisation der Eisenindustrie wird allem Anschein nach erst nach dem Kriege fallen.

Drittes Kapitel.

Die Geschichte der Organisationsbestrebungen der Händler.

Entschieden fruchtbarer und erfolgreicher als in der Stabeisen**erzeugung** war der Kartellgedanke im Stabeisen**handel**, trotzdem er doch von der Stabeisenerzeugung her so wenig Unterstützung fand. Die vielseitige Verwendbarkeit, welche insbesondere gerade Stabeisen in den letzten Jahrzehnten gewann, hatte dazu geführt, daß die Stabeisenhändler ein großes Lager von allen möglichen Sorten und Größen von Stabeisen halten mußten. Eine zahlenmäßige Berechnung hierüber findet sich in dem Aufsatz: „Flußstabeisen" in den „Mitteilungen des Verbandes deutscher Eisenwarenhändler" vom 20. Juni 1908. Hier heißt es: „Von dieser Menge (4 Mill. t Stabeisen) übernimmt der deutsche Handel mindestens ein starkes Drittel oder $1^1/_3$ Millionen. Beständig hält der gesamte deutsche Eisenhandel im Rahmen dieser Mengen für seine Kundschaft Lager in Flußstabeisen. Zur Zeit der Hochbewegung im Jahre 1907, als Flußstabeisen einen Grundpreis von 150 Mk. und Bandeisen einen solchen von 162,50 Mk. notierte, steckte allein in den Stabeisenlagern der deutschen Händler ein Geldwert von mehr als 200 Millionen Mk. Diese Summe wird aber noch erheblich überschritten, wenn man die Überpreise für Dimensionen und Qualität (Thomas-, Bessemer-, Martin-, Federstahl usw.) hinzufügt. Vor Beginn der letzten Preissteigerung stand Flußstabeisen auf 105 Mk. Grundpreis. Während der Hochbewegung 1906/07 stieg es in Zwischenräumen auf 110, 115, 120, 130 usw. bis auf 150 Mk. Nimmt man einen Durchschnittsgrundpreis von 120 Mk.

für die seitens der deutschen Händler getätigten Abschlüsse und Käufe an, so ergibt sich ein Kapital von rund 150 Mill. Mk., das die Händler den Werken für Bezüge von Flußstabeisen gezahlt haben; fürwahr ein Betrag, der die Bedeutung des Handels für den Stabeisenmarkt in das rechte Licht stellt. Der Durchschnittspreis von 120 Mk. trifft selbstverständlich nicht für jeden Händler zu; je nach den zu niedrigen oder höheren Preisen gekauften Mengen und deren Höhe beträgt er mehr oder weniger. Bemißt man den Wert der Stabeisenlager der deutschen Händlerschaft nach der gegenwärtigen Preislage von 105 bis 110 Mk., so gelangt man immerhin zu einer Summe von 140 Millionen Mk., deren Vergleich mit dem Höchstwert von 200 Millionen Mk. einen Unterschied von 60 Millionen Mk. ergibt. Diese Zahlen werfen einen grellen Schein auf die ungeheuren durch den Preisrückgang hervorgerufenen Wertschwankungen, denen die Eisenvorräte der Händler ausgesetzt sind." — Bei einer Investierung von derartig großen, nicht mehr frei beweglichen Kapitalien und einem derartig hohen Risiko fand der Kartellgedanke auch im Handel bald Eingang und im Laufe der Entwicklung zeigte sich, daß er in den Stabeisenhändlerkreisen sogar reger festgehalten wurde als in den Reihen der Stabeisenproduzenten.

Schon 1886 — also noch vor Gründung des Allgemeinen Deutschen Walzwerksverbandes — sollen nach privaten Mitteilungen, in Köln und anderen Städten lokale Stabeisenhändler-Vereinigungen bestanden haben. Doch erlangten sie kaum weitergehende Bedeutung, zumal bald der neu gegründete Deutsche Walzwerksverband auf den Stabeisenhandel einen beherrschenden Einfluß gewann. Er nahm eine Klassifizierung der Stabeisenhändler gemäß der Höhe ihres Absatzes vor[1]), indem er für Bezüge nach dem Lager an die Händler erster Klasse 2,50 Mk., an die zweiter Klasse 1,50 Mk. und die dritter Klasse 1 Mk. Lagerbonifikation gewährte. Diese Vergütungen wurden nicht gewährt bei unmittelbaren Sendungen an die Kundschaft. Auch

1) Vgl. hierzu: Mitt. d. Verb. D. Eisenwarenhändler vom 24. Febr. 1906. Diese Zeitschrift ist auch für die folgenden Ausführungen die Quelle, falls nichts anderes bemerkt ist.

wurden die weiterverarbeitenden Industrien vor dem Stabeisenhandel bevorzugt, da die ihnen vom Verbande gewährten Vergünstigungen aus guten Gründen, wie oben gezeigt wurde, höher waren. Überhaupt ging das Bestreben des Walzwerksverbandes dahin, zur Stärkung seines Einflusses auf den Markt den Handel einzuengen und von sich abhängig zu machen. Aber trotz des strengen Verbots war dem Handel reichlich Gelegenheit geboten, von außenstehenden Werken, die in der Preisstellung eine berechnende Zuvorkommenheit an den Tag legten, sich mit Material zu versorgen. — Als dann 1895 der Walzwerksverband zusammenbrach, erstarkte die Macht der Händler den Produzenten gegenüber wieder und eine der Hauptbestrebungen des 1897 gegründeten Verbandes Deutscher Eisenwarenhändler war es, das Übergewicht der Produzenten über die Händler und vor allen Dingen den unmittelbaren Verkauf der Fabrikanten zu beseitigen. Bereits 1899 bildete sich dann die Berliner Stabeisenhändler-Vereinigung im engen Anschluß an das Trägersyndikat Berliner Eisenhändler, dem fast die gleichen Firmen angehörten. Beide Händlerverbände beschlossen dann 1902 ihre Verlängerung um zwei Jahre. Mitte 1903 wollte man bereits die Stabeisenkonvention der Berliner Eisenhändler in ein Stabeisenhändlersyndikat verwandeln [2]). Man konnte sich aber nicht in der Quotenfrage, in der stets alle Differenzen ihren Ausdruck zu finden pflegen, einigen, so daß aus dem Syndikat nichts wurde und auch die Konvention sich auflöste. Aber sogleich setzten wieder neue Verhandlungen ein, die zunächst allerdings zu keinem Resultate führten, da die erwartete Bildung eines Stabeisenproduzentensyndikats nicht eintrat und den Händlern so für ihre Bestrebungen die nötige Grundlage fehlte. Unter der Herrschaft des freien Wettbewerbs kam es bald zu unhaltbaren Zuständen im Berliner Eisenhandel. Der verschärfte Wettbewerb führte zu Preisschleudereien, die den Händlern keinerlei Verdienst mehr ließen, zumal sich in den Lieferungs- und Zahlungsbedingungen schlimme Übelstände ergaben. Namentlich in der

2) D. I. Z. vom 12. Juni 1903, Nr. 24.

Kreditgewährung: „Die Abnehmer nehmen sehr lange Ziele in Anspruch und halten dann diese noch nicht einmal ein," so hieß es damals im Berliner Tageblatt. Auch kam es vor, daß die Abnehmer öfters die Abnahme der gekauften Quanten verweigerten; das Bestreben, diese Elemente auszumerzen, scheiterte an der Uneinigkeit der Händler. — Durch all diese Momente wurde natürlich bald wieder in den Berliner Stabeisenhändlerkreisen der Wunsch rege, eine neue Vereinigung in möglichst straffer Form zu gründen, die alle Auswüchse unterbinden solle. Am 1. Juli 1905 erreichte der Vertrag des Berliner Trägersyndikats sein Ende. Mehrere Vertragskündigungen von ersten Berliner Eisenhandelsfirmen liefen ein, weil diejenigen Händler, die zwar auch dem Trägersyndikat angehörten, deren Schwerpunkt aber im Stabeisengeschäft lag, der Meinung waren, daß durch eine Kündigung des Trägersyndikats die Bestrebungen zur Bildung eines Stabeisenhändlerverbandes gefördert würden. Sie wollten nicht mehr die Hand dazu bieten, daß, während der Trägerhandel überaus straff — speziell hinsichtlich der Kreditnormen — organisiert sei, im Stabeisenhandel beständig große Verluste entständen. Da nun das Trägersyndikat aller Voraussicht nach wieder erneuert werden würde, wollte man zugleich auch eine Klärung hinsichtlich der Verhandlungen über das Zustandekommen des Stabeisenhändlersyndikats erzielen. Letzteres war in Form einer G. m. b. H. gedacht und seine Dauer sollte mit derjenigen des Stahlwerksverbandes Gruppe A übereinstimmen, also bis zum 30. April 1907 laufen. Tatsächlich wurde das Berliner Trägersyndikat am 1. Juli 1905 um zwei Jahre verlängert, der Bildung des Stabeisensyndikats stellten sich aber Schwierigkeiten in den Weg. Rheinische Eisenhandelsfirmen, wie Thyssen und Spaeter, hatten in Berlin Filialen gegründet, die den alteingesessenen Berliner Firmen eine unerwünschte Konkurrenz machten. Das zeigte sich natürlich, als man bei den Verhandlungen zur Regelung der Quotenfrage kam. Immerhin gelang es, die Offene Handelsgesellschaft Thyssen & Co. in den zu gründenden Verband einzubeziehen. Aber die Firma Spaeter verweigerte den Beitritt unter den ihr angebotenen Bedingungen. Infolgedessen verschärfte sich der Konkurrenzkampf immer mehr, denn die Zweigniederlassung der Firma Spaeter war, wie man behauptete, eigens zu dem Zwecke gegründet, die anderen Firmen zu unterbieten, um so in das Berliner Stabeisengeschäft hineinzukommen. Ferner behauptete man, sie pflege das sog. „Kompensationssystem", wonach man den Käufern versprach, sie würden von den großen Werken, mit denen die Firma Spaeter in enger Fühlung stehe, Aufträge erhalten. Trotzdem waren die übrigen Berliner Firmen entschlossen, sich auch ohne den Beitritt der Firma Spaeter zusammenzuschließen und mit ihr den Kampf aufzunehmen. Diesen Preiskampf fürchteten die Berliner Händler deshalb nicht, weil, genau genommen, schon seit längerer Zeit die Gegnerschaft zwischen der Firma Spaeter und den übrigen Firmen bestehe: Schlimmer könne es nicht werden. So kam es denn, daß man über den Angelpunkt des Verbandes, die Quotenfrage, eine Einigung erzielte. Nur noch einige Sonderwünsche verschiedener Firmen hinsichtlich der Organisation waren zu erledigen. Damit erschien das Zustandekommen des Verbandes gesichert. Da stellte sich aber im letzten Augenblick plötzlich heraus, daß eine Firma, die an den Syndikatsverhandlungen sich beteiligt hatte, enge Beziehungen zu der Außenseiterfirma Spaeter unterhielt, die sie nicht aufgeben wollte. Daran scheiterte alles wieder! Das Spiel begann wieder von neuem: Heftiger Konkurrenzkampf — Verlustpreise — Kartellierungsbestrebungen. — Mitte 1906 kamen einige Berliner Stabeisenhandlungen zu einer zwanglosen Besprechung zusammen und einigten sich dahin, die Preise trotz Außenseiterkonkurrenz auf eine Rentabilität gewährende Höhe zu bringen. Tatsächlich zeigte sich, daß die betreffenden Firmen bei Anwendung dieser Praxis im allgemeinen keine Kundschaft verloren. Allmählich schlossen sich daher sämtliche irgendwie bedeutenderen Eisenhandelsfirmen dieser Preiskonvention an, einschließlich sogar derjenigen, durch deren Widerstand die früheren Syndikatsbestrebungen gescheitert waren, so daß die Verhältnisse auf dem Berliner Stabeisenmarkte eine entschiedene Wendung zum Besseren erfuhren. Diese Konvention hielt sich während der nächsten Jahre, bis im Mai 1909 in ihrem Schoße Streitigkeiten entstanden. Die Firma Thyssen & Co. forderte eine höhere Beteiligung, die ihr allseitig gewährt wurde, nur die Firma Aktien-Gesellschaft Steffens & Nölle erhob Einspruch und trat aus der Stabeisenkonvention aus, so daß die Berliner Stabeisenkonvention nicht verlängert werden konnte. Mehrere Monate scharfen Wettbewerbs drängten die Berliner Stabeisenhändler aber wieder zum Zusammenschluß. Die erste Maßregel der neuen Stabeisenhändler-Vereinigung bestand darin, die Preise für Stabeisen und Bleche[3]) zu erhöhen. Aber bei der letzthin erfolgten Auflösung der Vereinigung hatte man gesehen, wie wenig Macht und Beständigkeit eine bloße Preiskonvention habe. Deshalb suchte man jetzt die Stabeisenkonvention in die straffere Form des langerwünschten Stabeisenhändlersyndikats zu verwandeln. Und diesmal mit tatsächlichem Erfolg: Am 1. Oktober trat an die Stelle der Stabeisenkonvention die „Vereinigung der Berliner Stabeisenhändler, G. m. b. H., Berlin" mit Laufzeit bis zum Jahre 1912. In diesem festen Syndikat erhielt jedes Mitglied seine genaue Quote. Alle größeren Firmen des Berliner Stabeisenhandels schlossen sich an[4]):

Offene Handelsgesellschaft G. E. Dellschau zu Berlin,
Eisenhandlung vorm. J. E. Degner, Stabeisenabteilung, G. m. b. H., Berlin,
Offene Handelsgesellschaft E. A. Fesca & Sohn, Berlin,
" " H. Rosenthal zu Berlin,
" " Schmidt & Müller zu Berlin,
Carl Spaeter, G. m. b. H., Berlin,
Stemmer & Comp., Berlin,
Offene Handelsgesellschaft Thyssen & Co.,
Deutscher Eisenhandel, A.-G. (Ravenékonzern).

---

3) Letztere pflegen stets bei den „Stabeisen"-Händler-Vereinigungen einbegriffen zu sein, wie ja auch überhaupt die Verhältnisse und der Entwicklungsgang der Organisationsbestrebungen für Stabeisen und Bleche wesentlich die gleichen sind.

4) Leiße, S. 151/152.

Dieses neue Stabeisenhändlersyndikat gab dem Berliner Stabeisenhandel eine innere Geschlossenheit und damit nach außen hin einen erheblichen Machtzuwachs. Vor allen Dingen suchte das Syndikat, das Aufkommen neuer Außenseiter, die früher immer wieder zur Sprengung der Vereinigungen geführt hatten, zu verhindern. Deshalb beschloß es kurz nach seiner Gründung, die von Chemnitz drohende Konkurrenz dadurch unschädlich zu machen, daß es dort eine Zweigniederlassung zu gründen beschloß. Als dann später (Anfang 1913) die Chemnitzer Eisenfirma Willy Lippmann in Gemeinschaft mit der Berliner Eisengroßhandlung Max Weitzel eine G. m. b. H. in Berlin gründete, teilte die „Vereinigung Berliner Stabeisenhändler" verschiedenen Werken mit, sie sehe sich nunmehr gezwungen, um den Kampf gegen die Firma Lippmann wirksam aufnehmen zu können, Angebote nach Sachsen unter den augenblicklichen Tagespreisen zu machen. Allerdings gelang es dann dem an der Königin-Marienhütte interessierten Bankhause S. Bleichröder, den Konflikt zu schlichten und die „Vereinigung der Berliner Stabeisenhändler" zur Auflösung ihrer Chemnitzer Filiale zu veranlassen; aber das Syndikat hatte doch seinen Zweck erreicht, denn die Firma Lippmann mußte sofort auch ihre Berliner Niederlassung aufgeben. So war die Außenseitergefahr glücklich beseitigt. Als aber Ende 1913 das Syndikat verlängert werden sollte, tauchten Uneinigkeiten im Innern der Vereinigung auf. Vor allem zeigten die dem „Baueisen-Verkaufskontor" angehörigen Konstruktionsfirmen wenig Neigung zur Verlängerung beider Verbände. Es wurde bekannt, daß sie die Errichtung von Außenseiter-Stabeisenlagern[5]) als Wettbewerb gegen die „Vereinigung Berliner Stabeisenhändler" geplant hatten, worauf letztere natürlich sich beeilte, die Unterlassung dieses Schrittes zu fordern, was die Konstruktionsfirmen aber ablehnten. Auch unter den übrigen Firmen entstanden Uneinigkeiten über die Bemessung der Beteiligungsziffern: ein Teil der Mitglieder war kurzsichtig genug, die durch die rückläufige Konjunkturbewegung nötig ge-

5) K. Z. vom 14. Sept. 1913.

wordene Minderung ihrer Quote nicht anerkennen zu wollen. „Vereinigung Berliner Stabeisenhändler“ sowohl wie „Baueisen-Kontor“ erschienen deshalb endgültig als aufgelöst. Nachträglichen erneuten Bemühungen aber gelang es dennoch, beide Verbände — sogar auf vier Jahre! — zu verlängern, und zwar als „Berliner Baueisenkontor“ und „Berliner Stabeisen-Verkaufskontor“. Die Mitglieder des Berliner Stabeisen-Verkaufskontor erhielten das Recht, vorzeitig kündigen zu dürfen für den Fall, „daß ein auftretender, Lager haltender Außenseiter die Kreise der Vereinigung stören sollte“. — Ähnlich wie in Berlin hatten sich auch in einer Reihe anderer größerer Städte Deutschlands die Stabeisenhändler zu Verbänden höherer oder niederer Ordnung zusammengeschlossen. Überhaupt waren im letzten Jahrzehnt durchgreifende Änderungen in der Organisation des Stabeisenhandels allenthalben vor sich gegangen. Besonders hervorstechend war, wie vorher in der Fabrikation, so auch jetzt im Stabeisenhandel, der Zug zur Konzentration der einzelnen Firmen. Diese Konzentrationsströmung entsprang den verschiedenartigsten Motiven: teils wollten die großen gemischten Werke den Zwischenhandel ausschalten und sich einen eigenen Verkaufsapparat schaffen, um ihre Macht zu vergrößern und für den Fall eines Zusammenbruchs des Stahlwerksverbandes gerüstet zu sein, teils suchten sie aus gleichen Gründen Einfluß auf bestehende Eisengroßhandlungen zu gewinnen, teils lag diesen daran, Einfluß auf die Werke zu erlangen usw. Zuerst machten sich derartige Bestrebungen wohl in Westdeutschland geltend, wo bereits 1905 Thyssen bemüht war [6]), die Stabeisenhändler in Köln, Düsseldorf und anderen Städten zu geschlossenen Vereinigungen zusammenzubringen — natürlich unter Wahrung des Thyssenschen Einflusses. Die von diesen Vereinigungen geplanten Geschäftsstellen sollten vollkommen selbständig den An- und Verkauf von Stabeisen und anderem Eisen betreiben. Ihren Hauptbedarf sollten diese Firmen natürlich bei Thyssen unter bestimmten Bedingungen decken. In Köln-Ehrenfeld sollte auf

6) K. Z. vom 14. Sept. 1905.

dem Gelände des von Thyssen erworbenen und stillgelegten Ehrenfelder Walzwerks ein großes Eisenlager errichtet werden, von dem aus Händler und Verbraucher bequem versorgt werden könnten. Ähnliche Eisenlager sollten dann in Düsseldorf und anderen Städten errichtet werden. Tatsächlich wurde am 14. August 1906 in Duisburg-Meiderich die „Thyssensche Eisenhandelsgesellschaft m. b. H." ins Handelsregister eingetragen und in Berlin, wie bereits erwähnt, eine Zweigniederlassung der „Offenen Handelsgesellschaft Thyssen & Co." gegründet. Im Verein mit mehreren anderen großen gemischten Werken wollte Thyssen dann ein Eisenkontor bilden und sich so einen eigenen Verkaufsapparat für seine Erzeugnisse schaffen. Doch scheiterte dieser Plan an der ablehnenden Haltung der westdeutschen Eisenhändler, die darin eine Gefährdung ihrer Selbständigkeit erblickten. Als aber 1907 der Stahlwerksverbandsvertrag ablief, wurden im steigenden Maße „Werksfirmen" gegründet und Beziehungen zwischen Werken und Händlern angeknüpft: Der Aachener Hüttenverein, Aachen - Rote Erde, beteiligte sich an der Kölner Eisenhandlung A. Banzhaff [7]). Die Röchlingschen Eisen- und Stahlwerke ließen sich vertreten durch die Firma Gebr. Röchling, Duisburg. Das Hasper Eisen- und Stahlwerk trat in Verbindung mit der neugegründeten Firma Klöckner & Co., die auch Beziehungen zu dem Lothringer Hüttenverein und der Düsseldorfer Eisen- und Drahtindustrie pflegte. Schon früher war die Firma Carl Spaeter in Koblenz für die Rombacher Hüttenwerke und später auch für Krupp tätig gewesen usw. — Auch kam vielfach der Fall vor, daß sich die Eisenhandelsfirmen untereinander vereinigten und den Vertrieb der Erzeugnisse einer ganzen Gruppe von Werken übernahmen. Sie schlossen sich dann zu einer offenen Handelsgesellschaft, G. m. b. H. oder gar Aktiengesellschaft zusammen. Die einzelnen Firmen werden hierbei nach der Höhe ihres Umsatzes an dem Kapital und Gewinn beteiligt; sie überlassen den An- und Verkauf, Lagerung

7) Eine Übersicht über diese Konzentrationsbewegung ist enthalten in dem Berl. Jahrb., 1906, Bd. 1, S. 76/77; ferner bei Leiße, S. 170/175.

u. dgl. einer gemeinsamen Geschäftsführung und bilden so gewissermaßen eine Art „Eisenhandelstrust". Zu einem der mächtigsten Gebilde dieser Art baute sich der Ravenékonzern aus, der nach vielfachen Fusionen mit bedeutenden Eisenhandelsfirmen wie Joh. Chr. Schultze & Sohn Nachf., sowie M. J. Caro & Sohn und Eduard Lindner, Berlin-Breslau, und C. F. Weithas Nachf. in Leipzig, den Namen „Deutscher Eisenhandel, Aktiengesellschaft", annahm. Ein ähnlicher, wenn auch minder mächtiger Konzern besteht in der Eisenhandelsgesellschaft in Königsberg, die eine gemeinsame Gründung der Königsberger Eisengroßhändler und des Schlesischen Großhandelskonzerns ist. Sie bewirkt den Einkauf für die Königsberger Händler in Stabeisen und Blechen. Auf eigene Rechnung dürfen diese aber ab Lager verkaufen. Ihren Bedarf müssen sie bei der Königsberger Eisenhandelsgesellschaft decken, durch die auch die direkten waggonweisen Abladungen ab Werk nach der Provinz erfolgen. Die Breslauer Händler mußten sich verpflichten, nicht mehr direkt an die Provinz Ostpreußen zu verkaufen, und die Königsberger Händler haben für ihre Lagerverkäufe eine Preiskonvention gebildet. Zweck und Erfolg des zwischen Breslauer und Königsberger Händlern abgeschlossenen Kartellvertrages war die Beseitigung des verlustbringenden Wettbewerbs zwischen diesen beiden Gruppen und den Königsberger Händlern untereinander bei den großen Waggonlieferungen nach der Provinz und die Sicherung des Platzgeschäftes, das den Königsbergern von den Oberschlesiern streitig gemacht worden war. — Ähnlich organisiert ist die Danziger Eisenhandelsgesellschaft, die den Absatz nach Westpreußen regelt, sowie die „Sächsische Eisenhandelsgesellschaft m. b. H." in Dresden, die später dem Ravenékonzern einverleibt wurde. — Eine weitere, wenn auch nur lose Form der Konzentration hat sich neuerdings in Gestalt der Lagergemeinschaft herausgebildet. So schlossen sich mit Wirkung ab 1. Januar 1914 die Berliner Eisen-Großhandelsfirmen: Deutscher Eisenhandel, A.-G., G. E. Dellschau und Eisenhandlung vorm. I. E. Degner, Stabeisenabteilung, G. m. b. H., zum Betrieb des Berliner Lagergeschäftes zu zwei Lagergemeinschaften zusammen, die jede für sich als G. m. b. H. gegründet wurden. Und zwar benutzte die „Eisenlagergemeinschaft G. m. b. H.“ einen Lagerplatz der A.-G. Deutscher Eisenhandel für den gemeinschaftlichen Lagerbetrieb in Stabeisen, Blechen und einigen anderen Erzeugnissen, während die „Trägerlagergemeinschaft G. m. b. H.“ auf einem Lagerplatz der Firma G. E. Dellschau den gemeinsamen Lagerbetrieb in Trägern besorgt. Zwar sollten die drei Großhandelsfirmen im Verkehr mit den Werken und der Kundschaft völlig selbständig bleiben und der Zusammenschluß nur eine Verbilligung der hohen Lagerbetriebs- und Unterhaltungskosten herbeiführen. Das aber damit doch ein starker Antrieb zur späteren völligen Kombination gegeben ist, liegt auf der Hand. — So schuf sich auch der Stabeisenhandel allenthalben ganz neuartige Organisationsformen. Aber alle diese Bindungen waren doch — wie selbst das straff organisierte Berliner Stabeisensyndikat — ihrer ganzen Natur nach nur von lokal engbegrenzter Bedeutung. Eine Ausnahmestellung nahm jedoch das zwar lose, aber über einen geographisch weiten Machtbereich verfügende „Kartell der Stabeisenhändler-Vereinigungen von Rheinland und Westfalen“ ein, das all die lokalen rheinisch-westfälischen Stabeisenhändler-Vereinigungen gewissermaßen zu einem gemeinsamen Oberkartell zusammenfaßte. Dieses Kartell war das Produkt einer allmählichen Entwicklung. Seit langem hatten ja schon, wie bereits erwähnt, in einzelnen Städten des Rheinlandes und Westfalens lokale unbedeutende Stabeisenhändlerkonventionen bestanden. Mit diesen suchte die Ende 1906 gegründete „Linksrheinische Vereinigung“ Hand in Hand zu gehen. Am 3. November 1906 hatte nämlich auf Grund einer Einladung der Firma Wilh. Josten Söhne-Neuß in München-Gladbach eine erstmalige Besprechung von Stabeisenhändlern des linksrheinischen Ufers stattgefunden über die gemeinsame Regelung der Verkaufspreise. Unter allgemeiner Zustimmung beschloß man, für alle Lagerbezüge einen Mindestverkaufspreis von 165 Mk. pro Tonne festzusetzen. Dieser Beschluß sollte für sämtliche Eisenhändlerfirmen der von den Städten Aachen, Düren, Neuß, Wesel,

Bocholt, Kevelaer umschlossenen Landstriche Geltung haben. Diese „Linksrheinische Vereinigung“ teilte sich dann wieder in verschiedene Ortsgruppen, deren Leiter über die den einzelnen Verbraucherklassen wegen der Überpreise usw. anzurechnenden Staffelsätze, sowie über die Zahlungsbedingungen Vorschläge zu machen haben. — Derartig verbundene Stabeisenhändlergruppen bildeten sich nach und nach in ganz Westdeutschland. Organisation und Statuten der Gruppen sind fast ganz die gleichen. Im Anhang, Anlage 3, ist der revidierte Vertrag der „Rheinisch-westfälischen Stabeisenhändler-Vereinigung“, die eine Untergruppe des nicht damit zu verwechselnden „Kartells der Stabeisenhändler-Vereinigungen von Rheinland und Westfalen“ ist, wiedergegeben. Danach ist der Zweck der Konvention:

1. „einen unlauteren Wettbewerb in diesen Artikeln (Stabeisen, Bleche usw.) unter sich auszuschließen und bei Nichtmitgliedern zu bekämpfen;
2. der Mühe und dem Risiko angemessene Verkaufspreise für dieselben zu erzielen;
3. ein einheitliches Vorgehen der Nichtmitglieder anzustreben“ (§ 1).

Für alle Offerten und Lieferungen vom Lager und für solche ab Werk, die bei Stabeisen unter 2500 kg, bei Bandeisen und Blechen unter 1000 kg betragen, sind die genauen Mindestpreise einzuhalten. Außer diesen Mindestpreisen gibt es dann wieder noch Überpreise, für die besondere Überpreislisten herausgegeben werden, und zwar getrennte für „Bonifikanten“ und „Nichtbonifikanten“. Zu den Bonifikanten, die in einer besonderen Liste zusammengestellt sind, gehören die größeren Verbraucher, auch die nicht der Vereinigung angehörenden Händler, welche sich aber verpflichten müssen, nicht unter dem festgesetzten Mindestpreise weiterzuverkaufen. Nur mit den Bonifikanten dürfen Abschlüsse für Lagerbezüge, und zwar, um die Selbständigkeit der Preispolitik des Kartells zu wahren, nur auf 3 Monate und auf Grund der festgelegten Preise und Bedingungen getätigt werden. Überhaupt dürfen Abschlüsse mit Bonifikanten vor der Verkaufsfreigabe nicht gemacht werden und sind unter Einsendung der

Offert- und Abschlußbriefkopien bei einer neutralen Stelle anzumelden. Die Mindestgrundpreise und Verkaufsbedingungen werden, so oft dies die Marktlage erfordert, auf in gewissen Abständen stattfindenden Versammlungen der Mitglieder festgesetzt. Für die Festsetzung von Annahmepreisen für begrenzte Gebiete auf beschränkte Zeit muß die Genehmigung der Vollversammlung eingeholt werden. Der Vorstand wird gebildet von dem Vorsitzenden, seinem Stellvertreter und 5 Ausschußmitgliedern, die alle auf der Generalversammlung gewählt werden. Die Dauer der Vereinigung ist auf unbestimmte Zeit festgesetzt. Die Mitglieder müssen drei Monate vor Schluß des Geschäftsjahres kündigen; andernfalls läuft die Mitgliedschaft um jedesmal 1 Jahr weiter. Die Bestimmungen des Kartellvertrages und die Beschlüsse der Kartellversammlungen des „Kartells der Stabeisenhändlervereinigungen Rheinlands und Westfalens" sind für die Mitglieder der „Rheinisch-Westfälischen Stabeisenhändler-Vereinigung" bindend, solange sie dem übergeordneten Kartell angehört. Auf Lieferungen zu konventionswidrigen Preisen und Bedingungen steht eine Strafe von 20 Proz. des Rechnungsbetrages. Die Straffestsetzungen erfolgen durch eine Dreierkommission. Bei allen aus dem Vertrage hervorgehenden Streitigkeiten entscheidet ein Schiedsgericht. Die Unkosten der Geschäftsführung werden von den Mitgliedern zu gleichen Teilen getragen. — Das ist im wesentlichen die Struktur der Unterverbände[8]) des „Kartells der Stabeisenvereinigungen von Rheinland und Westfalen". Dieses erstreckte sich nach dem am 6. November 1908 erfolgten Beitritt der Dortmunder Stabeisenhändler-Vereinigung über ganz Rheinland und Westfalen und setzte sich aus folgenden Bezirksverbänden zusammen:

1. Die Linksrheinische Stabeisenhändler-Vereinigung in Neuß,
2. Die Düsseldorfer Stabeisenhändler-Vereinigung,
3. Die Bergisch-Märkische Stabeisenhändler-Vereinigung in Unter-Barmen,

---

8) Eine Ausnahme macht nur die Düsseldorfer Stabeisenhändler-Vereinigung, die mit der Rheinisch-Westfälischen Trägerhändler-Vereinigung gemeinsam eine besondere Verkaufsstelle besitzt.

4. Die Rheinisch - Westfälische Stabeisenhändler-Vereinigung in Essen,
5. Die Stabeisenhändler - Vereinigung des Regierungsbezirks Köln,
6. Die Stabeisenhändler - Vereinigung des Regierungsbezirks Koblenz,
7. Die Stabeisenhändler - Vereinigung des Siegerlandes und angrenzender Bezirke in Siegen,
8. Die Nord-Westfälische Gruppe in Münster,
9. Die Mittel-Westfälische Gruppe in Paderborn,
10. Die Nordrheinische Stabeisenhändler-Vereinigung in Wesel.

Zweck und Ziele des „Kartells der Stabeisenhändler-Vereinigungen von Rheinland und Westfalen“ decken sich mit denen seiner Unterverbände. (Vgl. Anhang, Anlage 4.) Auf der Versammlung des Oberverbandes hat jede Gruppe eine Stimme. Bei Stimmengleichheit entscheidet die Stimme des Kartellsvorsitzenden, der mit den Vorsitzenden der einzelnen Gruppen und den Ausschuß-Mitgliedern den Vorstand bildet.

Auf die Preisstellung übt das Kartell keinen direkten Einfluß aus, vielmehr werden die Preise von den einzelnen Gruppen selbständig festgesetzt . Allerdings sollen unter sämtlichen Gruppen des Kartells oder doch wenigstens in zusammenliegenden größeren Gebieten mit gleichen Bezugs- und Absatzbedingungen nach Möglichkeit einheitliche Preise „angestrebt“ werden. Hinsichtlich der Zahlungsbedingungen werden aber vom Kartell feste allgemeine Normen vorgeschrieben: Gewährung zu hohen Skontos oder zu lang ausgedehnter Zahlungsziele sind straffällig, ebenso wie das Beschenken der Kunden und deren Angestellten. Die wichtigste Bestimmung aber ist die des gegenseitigen Preisschutzes; d. h. bei Lieferungen in das Gebiet verbündeter Gruppen darf unter keinen Umständen unter die von diesen festgesetzten Preise heruntergegangen werden. Um das ermöglichen zu können, sollen die einzelnen Gruppen ihre Bestimmungen und Preislisten untereinander austauschen und sich gegenseitig von neugefaßten Beschlüssen in Kenntnis setzen. Vom Kartell werden alle Verhandlungen geführt und Maßregeln getroffen, soweit sie nicht in den Rahmen der internen Angelegenheiten der einzelnen Gruppen fallen. So wird z. B. die Stellungnahme zum Schmiedebunde vom Kartell selbst einheitlich bestimmt. Der Schmiedebund ist eine Art Handwerkerkartell — eine ganz neuartige Erscheinung, die zeigt, wie tief bereits der Kartellgedanke in unserem modernen Wirtschaftsleben vom Produzenten über die Glieder des Handels bis zum letzten Konsumenten hin eingewurzelt ist. Denn trotzdem in der Gewerbeordnung § 100 den Zwangsinnungen verboten ist, den Mitgliedern in der Festsetzung der Preise ihrer Ware oder Leistung, oder der Annahme von Kunden zu beschränken, hatten sich außerhalb der Innungen Handwerkerkartelle gebildet [9]), von denen, den gesetzlichen Bestimmungen zum Trotz, Preise festgesetzt und Verrufserklärungen eingeführt wurden gegen diejenigen, welche die Preise nicht einhielten. Diese wurden „minderwertig, untüchtig und mit schlechtem Material arbeitend" genannt: Die Zünfte des Mittelalters schienen also wieder aufzuleben! So hatten sich die rheinischen Hufschmiede im Schmiedebund zusammengeschlossen und sich bei Vertragsstrafe verpflichtet, unter allen Umständen die vom Schmiedebund festgesetzten Mindestpreise zu halten. Um alle Schmiede zum Beitritt zu bewegen, wandte sich der Schmiedebund an die Stabeisenhändler mit der Forderung, nur an die dem Schmiedebunde angehörigen Schmiede zu liefern. Damit in dieser Sache nun ein einheitliches Vorgehen aller Stabeisenhändler erzielt werde, bestimmte das „Kartell der Stabeisenhändler-Vereinigung Rheinlands und Westfalens", daß seine Mitglieder nicht einzeln mit dem Schmiedebunde oder ähnlichen Korporationen verhandeln, sondern das dem Kartell überlassen sollten. Es setzte sch mit dem Schmiedebund in Verbindung und schuf die „Gemeinsamen Bestimmungen für den Verkehr zwischen dem Bunde rheinischer und westfälischer Schmiedevereinigungen und dem Kartell der Stabeisenhändler für Rheinland und Westfalen" (Anhang, Anlage 5). Danach hatte der Schmiedebund folgende Verpflichtungen: Zunächst sollte er

9) Vgl. Berl. Jahrb., 1911, Bd. 1, S. 131/132.

ein von ungesetzlichen Bestimmungen freies Normalstatut schaffen. Ferner mußte er an Stelle der vielfach üblichen jährlichen Abrechnung erst halbjährliche und dann möglichst bald vierteljährliche Abrechnung seiner Mitglieder mit den Stabeisenhändlern einführen. Ihren Bedarf an Stabeisen usw. sollten die dem Bunde angehörigen Schmiedemeister nur von Mitgliedern des Eisenhändlerkartells beziehen. Demgegenüber waren diese verpflichtet, Stabeisen usw. an die dem Schmiedebund nicht angehörigen Berufsschmiedemeister und die vom Bunde gesperrten Schmiedebetriebe nicht zu liefern, wenigstens in all den Kreisen, wo zwei Drittel der Berufsschmiedemeister dem Bunde angehören. An Privatleute und Landwirte ohne eigene Schmiede dürfen die Stabeisenhändler nur dann liefern, wenn jene einen Bestellschein eines dem Schmiedebunde angehörigen Schmiedemeisters vorzeigen. Etwa neu auftretende landwirtschaftliche Schmieden, die mit den dem Bunde angehörigen Schmieden konkurrieren, dürfen ebenfalls beliefert werden. — Der ausschließliche Verbandsverkehr, der in der Fabrikation gänzlich fehlte, war hier auf strengste durchgeführt. — Auch mit seinen Lieferanten traf das „Kartell der Stabeisenhändler-Vereinigungen von Rheinland und Westfalen“ ein Schutzabkommen, um seine innere und äußere Stellung zu festigen: Mit der „Vereinigung Rheinisch-Westfälischer Bandeisenwerke“ vereinbarte es Ende 1910, daß seine Mitglieder nur bei der Vereinigung ihren Bedarf decken und dafür von dieser Vorzüge eingeräumt erhalten sollten. Auch wollte die Bandeisenvereinigung ihren anderen Abnehmern die Bedingung auferlegen, ihr Material lediglich zum Selbstgebrauch, nicht aber auch zur Weiterveräußerung von ihr zu beziehen. Ähnliche nutzbringende Abmachungen hätten sich unschwer zwischen Stabeisenhändler - Kartell und Stabeisenfabrikanten-Verband ebenfalls treffen lassen können, wenn nur ein Stabeisenproduzenten-Kartell bestanden hätte. Dann würden sich auch bei den alljährlichen Verlängerungsverhandlungen des „Kartells der Stabeisenhändler - Vereinigungen von Rheinland und Westfalen“ nicht derartige Schwierigkeiten ergeben haben, wie sie trotz allen guten Willens der Stabeisenhändler infolge der noch locker gefügten Kartellform eintraten und eintreten mußten. Immer wieder nämlich lagen gegen Jahresende Kündigungen einzelner Bezirksgruppen vor, die leicht zur Sprengung des lokalen Gebildes führen konnten. Das wäre bei Bestehen eines festen Stabeisenverbandes und bei ausschließlichem Verbandsverkehr zwischen Fabrikanten und Händler-Verband nicht zu befürchten gewesen. Wollten die Stabeisenhändler-Vereinigungen das notwendige festere Gepräge erhalten, so mußten sie zu anderen Mitteln greifen. Vor allem ließen die Gruppen sich in das Vereinsregister eintragen, um sich so wenigstens in etwa eine größere Geschlossenheit zu geben. Das Westdeutsche Eisenhändlerkartell, wie sich jetzt die Vereinigten Westdeutschen Stabeisenhändler nannten, befestigte seine Stellung noch dadurch, daß es Ende 1912 sein Schutzabkommen mit den Ortsgruppen Osnabrück und Bremen, wo sich ebenso wie in Hamburg, Hannover und anderwärts lokale Stabeisenhändler-Vereinigungen gebildet hatten, verlängerte. Die Hamburger Stabeisenhändler-Vereinigung, welche den Verkauf von Stabeisen, Bandeisen, Blechen usw. für Hamburg, Altona und Harburg regelte, hatte sich in der Form einer G. m. b. H. gebildet. Diese Form gestattet wegen ihrer juristischen Möglichkeiten — den Mitgliedern einer G. m. b. H. können bekanntlich weitgehende Verpflichtungen auferlegt werden — eine straffere Organisation des Kartells. Deshalb setzten auch Anfang 1914 im Westdeutschen Eisenhändlerkartell, dem man eine festere Form geben wollte, Bestrebungen ein, die bestehende lose Vereinigung in eine G. m. b. H. umzuwandeln. Den Gruppen wurde ein entsprechender Vertragsentwurf zugesandt, damit sie unter sich über die einzelnen Punkte des Kartellvertrages sich einigen und gegebenenfalls Vorschläge und Abänderungen machen sollten. Vor allen Dingen wollte man die immer wieder auftretenden Preisunterbietungen durch die straffere Organisation unmöglich machen. Diese Unterbietungen traten im Köln-Bonner Bezirk derartig häufig auf, daß das Kölner Stabeisenhändler-Kartell Ende März 1915 die Freigabe der Stabeisenpreise beschließen mußte, was einen „wilden Preiskampf" zur Folge hatte. Am 31. März

1914 sollte eine Mitgliederversammlung endgültig über die Umwandlungsfragen beschließen. Vorbedingung für das Zustandekommen war, daß sämtliche Mitglieder ihre Zustimmung geben würden. Tatsächlich weigerten sich aber noch die Firmen Fr. W. Markmann-Düsseldorf, Franz Klapdor-Essen und Th. I. B. Jansen-Bonn, so daß wenig Aussicht bestand. Trotzdem wurde am 31. März die Umwandlung des Kartells westdeutscher Eisenhändler in den Westdeutschen Eisenhändler-Verband, G. m. b. H.[10]), zur Tatsache. Indes besteht kein wesentlicher Unterschied zwischen dem alten und neuen Verbande, da der Kartellvertrag keine bedeutende Abänderung erfahren hat. Die bisherigen Bezirksverbände bestehen weiter. Die Hauptsache ist, daß die Preisfestsetzung nach wie vor — wenn auch nur „einstweilen" — den einzelnen Bezirken überlassen bleibt. Die Freiheit in der Preisstellung wurde angeblich aus dem — m. E. nicht besonders einleuchtenden — Grunde den Gruppen belassen, weil in einigen Bezirken, wie München-Gladbach, Münster und Köln-Bonn, einige Firmen dem Verbande nicht beigetreten sind und deshalb bekämpft werden müssen. Warum der „Westdeutsche Eisenhändler-Verband" durch seine Preispolitik (etwa durch Einführung von Kampfpreisen in den betreffenden Bezirken usw.) das nicht selbst tun kann, ist nicht ersichtlich. Gewiß darf man nicht verkennen, daß eine einheitliche Preisfestsetzung bei einem geographisch derart ausgedehnten Kartellgebiete, wie es der Westdeutsche Eisenhändler-Verband umspannt, bei der immerhin vorhandenen Verschiedenartigkeit der Bezugs- und Absatzbedingungen auf nicht unbedeutende Schwierigkeiten stößt und die einzelne Gruppe über die jeweiligen Verhältnisse des lokalen Marktes besser orientiert sein kann. Immerhin wäre es möglich und zweckmäßig gewesen, dem Eisenhändlerverband durch den neuen Kartellvertrag einen entscheidenden Einfluß auf die Preisstellung zu gewähren, da doch nur dadurch das Kartell eine wirkliche Macht erlangen

---

10) Quelle hierzu und zum folgenden sind neben privaten Mitteilungen die Notizen der K. Z. und der Frft. Z. aus dieser Zeit.

kann. Vielleicht wird das noch nachgeholt, da die Preisfestsetzung, wie es hieß, ja nur „einstweilen" den Gruppen überlassen bleiben soll. Zudem ist eine schärfere Strafe als früher auf Verstöße gegen Abmachungen des Kartells gesetzt (3000 Mk.), so daß die Zahl der Unterbietungen doch mindestens wohl eingeschränkt werden wird. Eine Veränderung liegt ferner darin, daß die Geschäftsunkosten nicht indirekt von den einzelnen Gruppen wir früher, sondern direkt von den einzelnen Eisenhändlern zu zahlen sind, und zwar nicht zu gleichen Teilen wie früher, sondern abgestuft nach dem Lagerabsatz, steigend von 10 Mk. bei einem Lagerabsatz von weniger als 100 t auf 300 Mk. bei einem Lagerabsatz von 2000 t und mehr. Zum Sitze des Kartells wurde Düsseldorf gewählt und zum Leiter der Geschäftsführer der dortigen Rheinisch-Westfälischen Trägerhändler-Vereinigung, Direktor Roemer bestimmt. Dadurch, daß sämtliche Gruppen den Charakter der juristischen Person angenommen hatten, konnte der Eisenhändlerverband mit den einzelnen Firmen, welche Mitglieder der Gruppen sind, Kartellverträge abschließen, denen zufolge sich die Firmen verpflichten, sich genau an die Bestimmungen des Verbandes und seiner Gruppen zu halten.

Während des Krieges schritt der Verband verschiedentlich zu allgemeinen Preiserhöhungen. Der Vertrag, der Ende 1915 ablief, wurde mühelos für einen vorläufigen Zeitraum von 6 Monaten über den Friedensschluß hinaus verlängert [11]). Im weiteren Verlauf des Krieges mußte dann auch der Eisenhandel sich die Einstellung auf die besonderen Kriegsverhältnisse gefallen lassen, da auch hier die Regierung zur Sicherung des Heeresbedarfes regelnd und überwachend eingriff. In Berlin, Düsseldorf, Mannheim und Leipzig wurden im November 1916 auf Veranlassung der Militärverwaltung die E i s e n z e n t r a l s t e l l e n f ü r K r i e g s b e d a r f eingerichtet [12]). Für den rheinisch-westfälischen Bezirk wurde der Geschäftsführer der

11) K. Z. vom 18. Dez. 1915.
12) Südw. I. Z. vom 25. Nov. 1916.

Rheinisch - westfälischen Trägerhändler - Vereinigung und des Westdeutschen Eisenhändlerverbandes, Direktor R. Roemer, als Vertrauensmann bestellt. Diese Kriegsorganisationen, die von dem Deutschen Stahlbund und dem Vertreter des Kriegsministeriums beim Stahlbund eingerichtet wurden, verfolgen den Zweck, den Lagerversand in I-Trägern, U-Eisen, Stabeisen, Bandeisen und Blechen zu kontrollieren und eine Ergänzung des Lagerbestandes des zu unmittelbaren und mittelbaren Zwecken der Reichsverteidigung erfolgten Versandes zu ermöglichen[13]). Da die Werke des Deutschen Stahlbundes außerordentlich in Anspruch genommen sind, können in Zukunft Lieferungen für die Händler ohne den Nachweis durch die Vertrauensmänner nicht mehr erfolgen. Deshalb sollen die Händler verpflichtet sein, sich von dem Abnehmer in jedem Falle die Versicherung geben zu lassen, daß das Material zur Beförderung eines dringenden mittelbaren oder unmittelbaren Heeresbedarfs gebraucht wird.

Zweiter Abschnitt.

Wirtschaftliche Ergebnisse und Lehren der Geschichte der Organisationsbestrebungen.

Wenn wir die Geschichte der Organisationsbestrebungen in ihrer Gesamtheit überschlagen, so ergibt sich als Resultat, daß die erzielten Erfolge in gar keinem Verhältnis zu all den vielen jahrzehntelangen Bemühungen stehen.

Wie ist dieser geringe Erfolg der bisherigen Bemühungen zu erklären und zu welchen wirtschaftlichen Ergebnissen und Lehren gelangen wir auf Grund des geschichtlichen Verlaufs der Organisationsbestrebungen?

Viertes Kapitel.

Die Gründe für den Mißerfolg der bisherigen Organisationsbestrebungen.

I. Gründe für die Auflösung des Allgemeinen Deutschen Walzwerksverbandes.

In der Geschichte der Organisationsbestrebungen liegt der Höhepunkt der Entwicklung bereits nahe bei ihrem Anfang: bei dem Allgemeinen Deutschen Walzwerksverbande. Ein gleich fester Zusammenschluß ist — allen Bemühungen zum Trotz — später nicht wieder erreicht worden, weil die Syndizierung von Stabeisen in dieser Zeit immer schwieriger wurde. Vor allen Dingen spielten bei Gründung des Allgemeinen Deutschen Walzwerksverbandes die Interessengegensätze zwischen den gemischten und reinen Werken noch nicht mit. Bei allen späteren Verhandlungen bildeten diese das Haupthindernis. Der Allgemeine Deutsche Walzwerksverband hatte aber in seiner Organisation den großen Fehler, daß bei ihm die Ausfuhr nicht in die Verbandstätigkeit eingeschlossen war, so daß sich hier der im Inlandsgeschäft beseitigte Konkurrenzkampf mit um so größerer Schärfe entfalten konnte und auch tatsächlich — bei der für Stabeisen zunehmenden Bedeutung des Exportes — entfaltete. Aber der Hauptgrund für die Auflösung war doch die Außerverbandskonkurrenz gewesen, wie wir sahen. Daß der Verband gegen diese machtlos war, ist nicht als seine eigene Schuld zu betrachten, sondern lag daran, daß das Verbandswesen der Eisenindustrie damals noch erst in den Kinderschuhen steckte.

II. Die Gegensätze zwischen gemischten und reinen Werken und die billigen Verkäufe an das Ausland.

Für die Folgezeit schob sich als entscheidendes Entwicklungsmoment die Entstehung der gemischten Werke und ihr Verhältnis zu den reinen Stabeisenwalzwerken und später zu den Siemens-Martinwerken in den Vordergrund. Das war die Grundfrage, die alle anderen Entwicklungsreihen und Probleme auslöste. Gerade in der Stabeisenproduktion war der Kampf zwischen reinen und gemischten Werken besonders heftig und für die Entwicklung der Organisationsbestrebungen von überragender Bedeutung. In den meisten anderen Walzwerksprodukten hatte sich nämlich zwischen reinen und gemischten Werken im Laufe der Zeit doch eine gewisse Arbeitsteilung herausgebildet, indem das Auswalzen der schweren Fabrikate (Träger, Schienen, Schwellen usw.), die sich noch in der Anfangshitze auswalzen ließen, zur Domäne der gemischten Werke wurde, während die reinen Werke ihrer ganzen Anlage nach der Fabrikation der leichteren Walzfabrikate (Walzdraht, Feinbleche usw.) zugetrieben wurden. Stabeisen stand als Grenzprodukt zwischen schweren und leichten Fabrikaten, so daß in diesem Artikel die Rivalität zwischen gemischten und reinen Werken besonders scharfe Formen annehmen mußte. Bei diesem Kampfe erwiesen sich im Laufe der Entwicklung die gemischten

Werke, wie wir sahen, als stärker und anpassungsfähiger als die reinen Stabeisenwalzwerke, indem alle großen Ereignisse technischer und wirtschaftspolitischer Natur, welche die letzten Jahrzehnte brachten, den gemischten Werken stets zum Nutzen gereichten, die Lage der reinen Werke aber verschlechterten. — Das hatte seinen Grund in der Überlegenheit der Form des gemischten Werks über die Form des reinen Walzwerks, welche sich überlebt hatte. Zunächst hatten Vorteile technischer Art die Entstehung der gemischten Werke in der Form der örtlich konzentrierten Betriebe hervorgerufen und begünstigt. Eine erhebliche Ersparnis an Brennmaterial läßt sich bei der örtlichen Betriebskombination dadurch erzielen, daß die Hochofengase, die sonst nutzlos entweichen, als Heiz- und Kraftquelle benutzt werden, daß das Roheisen in flüssigem Zustande ohne Vorwärmung ins Stahlwerk kommt und die Stahlblöcke in noch warmem Zustande — wiederum ohne besondere Vorwärme, wie sie die reinen Walzwerke benötigten — dem Walzwerke zugeführt werden konnten. Zudem sparte man noch infolge der Kontinuierlichkeit des ganzen Betriebes an Zeit und Kosten. Hierzu kam weiter die erhebliche Frachtersparnis. Immerhin kommen diese Vorteile nur bei örtlicher Betriebskombination zur Geltung. Bald aber schlossen sich an diese „Betriebs"-Kombinationen die „Unternehmungs"-Kombinationen an. Denn man erkannte, daß, selbst wenn eine örtliche Kombination der Betriebe unmöglich war, es doch aus allgemeinen wirtschaftlichen Rücksichten nützlich sein konnte, mehrere Betriebe zu einer Unternehmung zusammenzufassen. So hatten die Werke z. B. ein Interesse daran, ihren Rohstoffbezug in quantitativer und qualitativer Beziehung sicherzustellen. Das konnten sie, indem sie sich entsprechende Betriebe angliederten. Auch war bei der Zusammenfassung mehrerer Betriebe zugleich, wie bereits ausgeführt, ein besserer Schutz gegen die Konjunkturschwankungen durch die Ausgleichung des Risikos gegeben. Durch die Kombination gestalteten sich die Werke zu Großbetrieben aus und genossen so mannigfache Vorteile wie größere wirtschaftliche Macht, geringere konstante Unkosten pro Produktionseinheit und andere Vorteile, welche die Form des Großbetriebes — wenigstens in wirtschaftlicher Beziehung — nun einmal gegenüber dem Kleinbetrieb hat. Daß diese Vorteile eine erhebliche Verringerung der Selbstkosten und eine Erhöhung der Leistungsfähigkeit der gemischten Werke, besonders den reinen Walzwerken gegenüber ergaben, braucht kaum gesagt zu werden. Es gingen deshalb auch die kapitalkräftigsten reinen Walzwerke dazu über, sich andere Betriebe anzugliedern, um so die Vorteile, wenn auch nicht der örtlichen Betriebskombination, so doch der Unternehmungskombination zu erlangen. Immerhin nahm eine Anzahl von ihnen den ungleichen Kampf mit den gemischten Werken auf. Dadurch wurde jene Lage geschaffen, die nach dem Zusammenbruch des Allgemeinen Deutschen Walzwerksverbandes es nie wieder zu einem engeren Zusammenschluß kommen ließ. Denn, wie wir aus der Geschichte der Organisationsbestrebungen in der Stabeisenindustrie ersahen, blieben alle die angestrengten Bemühungen, ein Stabeisensyndikat zu schaffen, fruchtlos: die losen Preiskonventionen, die sich in Zeiten ansteigender Konjunktur bildeten, vermochten es nie, sich zu einem festen Stabeisensyndikat auszugestalten, sondern brachen in Zeiten der Depression zusammen, zumal weil sich die Reibungspunkte zwischen reinen und gemischten Werken im Laufe der Zeit ständig vermehrten. So schlossen sich die gemischten Werke 1895 im Halbzeugverbande zusammen. Schon vorher waren die reinen Walzwerke in dem Bezuge des Halbzeuges von ihren Lieferanten, den gemischten Werken, die zugleich durch die eigenartige Konstellation der Verhältnisse ihre Konkurrenten in dem Fertigfabrikat Stabeisen waren, in hohem Grade abhängig; durch die zunehmende Bedeutung des Flußeisens wurden sie es immer mehr. Immerhin hatte die bis 1895 im Halbzeugverkauf herrschende freie Konkurrenz, die durch die Einführung der Zölle seit 1879 allerdings im wesentlichen auf das Inland beschränkt war, doch in etwa ein Rohmaterialienmonopol der gemischten Werke verhindert. Das war mit der Gründung des Halbzeugverbandes anders geworden. Die Unterbietungen der gemischten Werke untereinander fanden ein Ende, die Halbzeugpreise wurden ein gut Teil in die Höhe geschraubt. Auch das kurz zuvor gegründete Kohlensyndikat erhöhte die Preise „langsam, aber sicher“. Nun würde diese Verteuerung der Rohmaterialien den reinen Walzwerken an und für sich nicht geschadet haben, da es ihnen doch nur um die Spannung zwischen Rohmaterial- und Fertigfabrikatpreis zu tun war. Sie mußten nur einen entsprechend hohen Preis für Stabeisen erzielen. Da aber kein Stabeisensyndikat bestand, das eine Erhöhung der Stabeisenpreise durchsetzte, so war die Erzielung angemessener Preise unmöglich, zumal die gemischten Werke die reinen auf dem Stabeisenmarkt unterboten. Das konnten die gemischten Werke aus mehreren Gründen: Zunächst arbeiteten sie durch ihre natürlichen Vorteile überhaupt billiger als die reinen Walzwerke, sodann konnte es ihnen gleichgültig sein, an welcher der einzelnen Stufen ihrer Fabrikation sie mehr oder weniger verdienten: ihnen kam es in dem Fertigfabrikate Stabeisen auf einen möglichst großen Absatz, wenn auch unter kleinem Nutzen für die Produktionseinheit, an. Hinsichtlich der Preise der Fertigfabrikate nannte man sie „Mäßigkeitsapostel“, während die reinen Walzwerke auf relativ hohe Preise hierfür Wert legen mußten, da sie die hohen Kohlen-, Roheisen- und Halbzeugpreise kalkulieren mußten. Ende der 90er Jahre trat für sie sogar eine wahre Rohmaterialiennot ein. Infolge der gesteigerten Ansprüche der Hochkonjunktur brauchten die großen gemischten Werke ihre Produktion an Kohle, Roheisen und Halbzeug zum großen Teile selbst, so daß die reinen Walzwerke für ihr Rohmaterial nicht nur außerordentlich hohe Preise zahlen, sondern froh sein mußten, wenn sie überhaupt Rohmaterial bekamen und nicht den Betrieb — aller Hochkonjunktur zum Trotz — einstellen mußten. Diese verzweifelte Lage änderte sich auch nicht, als 1900 der Konjunkturumschwung einsetzte. Wenn man gehofft hatte, daß jetzt bei der einsetzenden Depression die Rohmaterialiennot ein Ende haben werde und daß vor allen Dingen die Halbzeugpreise in Einklang mit den stark gefallenen Stabeisenpreisen gebracht werden würden, so sah man sich hierin sehr getäuscht. Einmal nämlich fielen die Preise für Stabeisen, das nicht kartelliert war, überhaupt stärker als die des syndizierten Halbzeugs; dann aber kam noch hinzu, daß die gemischten Werke ihre Halbzeugüberproduktion nicht zu niedrigeren Preisen im Inland absetzten, sondern ins Ausland sandten, so daß die Inlandpreise nach wie vor sich auf einer ziemlichen Höhe behaupteten. Vornehmlich gegen dieses „Dumping-System" wandten sich in der Folgezeit die beweglichen Klagen der reinen Walzwerke. Sie waren auch eines der Hauptargumente, welches in den Denkschriften der Halbzeugverbraucher und später in den „Kontradiktorischen Verhandlungen" vorgebracht wurde. Man behauptete, daß vornehmlich durch die billigeren Auslandsverkäufe des Halbzeugverbandes die Notlage der reinen Walzwerke geschaffen worden sei: infolge der durch die Kartelle künstlich hochgehaltenen Inlandspreise könnten die gemischten Werke zu billigeren Preisen im Auslande absetzen. Die hohen Inlandspreise machten es den reinen Walzwerken unmöglich, die nötige Spannung zwischen Halbzeugpreis und Fertigfabrikatpreis zu erzielen, so daß sie, durch die Politik der gemischten Werke zwischen hohem Halbzeugpreis und niedrigem Fertigfabrikatpreis eingezwängt, mit Verlust zu arbeiten gezwungen würden. Durch die billigen Auslandspreise würde ferner die ausländische Konkurrenz großgezogen und der deutsche Export in Fertigfabrikaten vernichtet. Deshalb seien die billigen Auslandsverkäufe unter allen Umständen zu verwerfen. — So einleuchtend diese Argumentation auf den ersten Blick erscheint, so wenig stichhaltig erweist sie sich bei der näheren kritischen Prüfung unter allgemeinen volkswirtschaftlichen Gesichtspunkten. Zunächst zum Tatsächlichen: Allerdings ist die Halbzeugausfuhr in den letzten Jahrzehnten beträchtlich gestiegen. Doch lag das in der Hauptsache an der riesigen Ausdehnung, welche die Halbzeugproduktion durch die Erfindung des Thomas- und des Siemens-Martinprozesses gewann, und an der Erweiterung des Absatzgebietes, wie sie durch die Ausgestaltung des Verkehrs und durch die der Ausdehnung der weltwirtschaftlichen Beziehungen günstigen Caprivischen Handelsverträge ermöglicht wurde. Daß die Halbzeugausfuhr Ende der 90er Jahre so gering war, lag daran, daß während der

Hochkonjunktur die Halbzeugproduktion von dem heimischen Markte verbraucht wurde. Damals kamen auch keine billigen Auslandsverkäufe vor. Diese setzten erst ein, als man 1901 dem übersättigten einheimischen Markte Luft machen wollte. Damals standen allerdings Inlandspreis und Auslandspreis von Halbzeug in einem beträchtlichen Mißverhältnis zueinander. Aber davon, daß die englische und belgische Stabeisenindustre dadurch irgendwie konkurrenzfähiger geworden sei, kann nicht die Rede sein, da der Bezug von Halbzeug aus Deutschland kaum von nennenswertem Einfluß auf die Preisbildung des Halbzeugs in diesen Ländern ist, wie Leiße zeigt; nur daß bei Einstellung der deutschen Halbzeugausfuhr an Stelle des deutschen Halbzeugs wahrscheinlich das amerikanische oder französische getreten wäre! Zudem hat eine bedeutendere Ausfuhr von Halbzeug zu billigeren Preisen nur in Krisenzeiten stattgefunden, namentlich seitdem der Stahlwerksverband im Gegensatz zum Halbzeugsverband auch die Ausfuhr syndiziert hat. Das ist ja auch ganz natürlich, da kein Halbzeugproduzent zu niedrigeren Preisen an das Ausland absetzen wird, wenn er im Inland genügend Absatz zu besseren Preisen finden kann. Die billigeren Auslandsverkäufe während der Krisen sind aber ebenso wie die Kartelle im allgemeinen im Wesen der kapitalistischen Wirtschaftsordnung mit ihrer starken Investierung von stehendem Kapital begründet. Sind nämlich, wie im Jahre 1901, Aufnahmefähigkeit des Marktes und Produktionsfähigkeit der Werke in ein Mißverhältnis geraten, so kann der moderne Großbetrieb mit seinen großen konstanten Kosten seine Produktion nicht beliebig einschränken. Deshalb ist es besser für ihn, sich seinen Arbeiterstamm zu erhalten und seinen Betrieb nicht einzuschränken und diejenige Produktionsmenge, die der Inlandsmarkt nicht aufnehmen kann, ins Ausland zu niedrigen Preisen zu werfen. Denn würde er die Produktion einschränken, so würde er noch größeren Verlust haben. Auch die Inlandspreise — und das ist das Entscheidende für die Streitfrage hinsichtlich der Lage der reinen Walzwerke — würden dann noch höher sein, da das gemischte Werk ohne Halbzeugexport infolge der Einschränkung der Produktion höhere Selbstkosten haben würde. Auch würden dann die Halbzeugpreise stärkere Schwankungen aufweisen und dadurch die reinen Walzwerke in noch üblerer Lage sein, als wenn sie mit den zwar hohen, aber doch festeren Rohmaterialienpreisen rechnen könnten. Eine mäßige Halbzeugausfuhr während der Krise liegt also auch im eigensten Interesse der reinen Walzwerke. Allerdings stimmt diese ganze Beweisführung nur dann, wenn nur diejenige Produktion ins Ausland fließt, die der Inlandsmarkt nicht aufnehmen kann. Das Problem der billigeren Auslandsverkäufe ist wesentlich eine Quantitätsfrage. Tatsächlich aber nahm die Ausfuhr immer dann ab, wenn der Inlandsbedarf stieg. Das geht aus der folgenden Statistik [1]) hervor:

Kalenderjahr	Gesamtabsatz von Halbzeug	Inlandsversand		Auslandsversand	
	Tonnen	Tonnen	Proz.	Tonnen	Proz.
1898	914 000	880 000	96,3	34 000	3,7
1899	854 000	840 000	98,4	14 000	1,6
1900	821 000	786 000	95,7	35 000	4,3
1901	978 000	751 000	76,8	227 000	23,2
1902	1 430 000	760 000	53,1	670 000	46,9
Jahre vom 1. 3. bis 28. 2.					
1902/3	1 460 637	737 621	50,5	723 016	49,5
1903/4	1 449 698	844 629	58,3	605 669	41,7
Seit der Gründung des Stahlw.-Verb. vom 1. 3. bis 31. 3.					
1904/5	1 775 002	1 275 469	71,9	499 533	28,1
Vom 1. 4. bis 31. 3.					
1905/6	1 996 779	1 489 861	72,6	546 918	27,4
1906/7	1 795 328	1 464 449	81,6	330 879	18,4
1907/8	1 456 455	1 187 585	81,5	268 860	18,5
1908/9	1 417 862	903 597	63,7	514 255	36,3
1909/10	1 572 977	1 038 176	66,0	534 801	34,0
1910/11	1 557 262	982 274	63,1	574 988	36,9

1) Die Zahlen stammen aus: Morgenroth, S. 89, und Leiße, S. 102.

Da zeigt sich ganz deutlich, daß während der Hochkonjunktur bei konsumkräftigem Inlandsmarkte der Halbzeugexport ganz geringfügig war. Erst nach Eintritt der Krise, als also der einheimische Markt tatsächlich übersättigt war, schnellt er plötzlich in die Höhe. Selbst Morgenroth, der sonst ein Gegner der Kartelle und der billigeren Auslandsverkäufe ist, muß zugeben (S. 90), daß 1901/03 das Inland nicht die ganze Überproduktion habe aufnehmen können und daß die Preisherabsetzung des Halbzeugverbandes „anerkennenswert rasch und stark" vorgenommen worden sei. Ohne Steigerung der Ausfuhr würden jedenfalls die reinen Walzwerke infolge der durch die Produktionseinschränkung gesteigerten Selbstkosten ihrer Lieferanten noch höhere Halbzeugpreise haben zahlen müssen. Zudem wurde 1904 die Halbzeugausfuhr vom Stahlwerksverbande syndiziert, die Preisunterbietungen der Inlandswerke auf dem Auslandsmarkte verhindert, und so auch die Auslandspreise in Halbzeug auf eine angemessene Höhe gebracht. Wenn sie trotzdem sich nicht immer mit den Inlandspreisen deckten, so ist das darauf zurückzuführen, daß der Stahlwerksverband auf dem Auslandsmarkte mit internationaler — vornehmlich amerikanischer — Konkurrenz scharf zu kämpfen hatte. Um aber die einheimische Fertigfabrikatindustrie durch die gezwungenermaßen billigeren Auslandspreise dem Auslande gegenüber nicht wettbewerbsunfähig zu machen, gewährten die Rohmaterialienverbände an die Weiterverarbeiter Ausfuhrvergütungen. Zur Regulierung dieser Ausfuhrvergütungen wurde, wie oben erwähnt, 1902 die Düsseldorfer Abrechnungsstelle gegründet, die aber für die reinen Walzwerke keine Bedeutung aus dem Grunde erlangte, weil sie die Vergütungen nur an Mitglieder von Verbänden gewährte. Hier zeigte sich wieder, wie vorteilhaft ein Stabeisensyndikat hätte wirken können: es hätte den reinen Walzwerken die Anteilnahme an den nicht unbedeutenden Vorteilen der Ausfuhrvergünstigungen gesichert; vor allem aber würde es durch entsprechend hohe Stabeisenpreise die nötige Spannung zwischen Halbzeug- und Fertigfabrikatpreis aufrecht erhalten und damit auch den reinen Walzwerken ein Auskommen gesichert haben. All' die andern Palliativmittel nützen nichts: Die Aufhebung der Zölle für Roheisen, Halbzeug und Schrott, wie sie von den reinen Werken gefordert wurde, würde zwar eine Verbilligung des Rohmaterials, dafür aber auch Senkung der Fertigfabrikatpreise herbeiführen und so doch nichts nutzen — ganz abgesehen von der praktischen Möglichkeit dieses jedenfalls folgenschweren Schrittes. Auch die projektierte Anlage eines Thomas- oder Siemens-Martin-Stahlwerkes für die Halbzeugverbraucher könnte nur teilweise die Lage der reinen Werke verbessern, da immer noch der Vorsprung der örtlichen Betriebskombination fehlen würde. Immerhin fusionierten sich mit Recht viele der reinen Walzwerke mit reinen Hochofen- und Siemens-Martinwerken, um sich so wenigstens im Bezuge der Rohmaterialien sicherzustellen. Von Vorteil war meistens auch der Anschluß an ein großes gemischtes Werk. Gegenüber diesem letzten Auswege bietet sich aber noch eine andere vorteilhafte Möglichkeit: Die Spezialisierung und Betonung der Herstellung reiner Qualitätsware, weil hierin die reinen Walzwerke infolge ihrer leichteren Anpassungsfähigkeit an individuelle Ansprüche den gemischten, ganz auf schematische Massenfabrikation eingestellten Großbetrieben gegenüber einen unverkennbaren Vorsprung haben. Das bedeutet auf die reinen Stabeisenwalzwerke angewandt: Auswalzen der vielen leichteren, auf individuelle Anforderungen gearbeiteten Stabeisenformen. In kleinem Maßstabe hat diese Spezialisationsbewegung schon eingesetzt. Nach einem Vorschlage Leißes (S. 115) sollten zur endgültigen Vollendung dieses Anpassungsprozesses die reinen Walzwerke sich in festgefügten Abnehmerkartellen zusammenschließen, die ein Gegengewicht gegen die mächtigen Verbände in den vorhergehenden Produktionsstadien bilden und für die nötige Spannung zwischen Halbzeug- und Fertigfabrikatpreis sorgen würden. Das sollte dadurch geschehen, daß durch Einführung einer gleitenden Preisskala von den Rohstoffen bis zum Fertigfabrikat die Preise der Produkte der einzelnen Produktionsstadien derart festgesetzt würden, daß alle Teile — auch die reinen Walzwerke — ihr Auskommen dabei finden könnten. Um dies zu ermöglichen, müßten sich eben Verbände für die feineren

Walzfabrikate, insbesondere für Stabeisen, das der weitaus wichtigste der gemeinsamen Konkurrenzartikel ist, bilden. Dazu wäre natürlich ein Zusammengehen von gemischten und reinen Werken gerade bei Stabeisen eben wegen seiner Eigenschaft als wichtigster gemeinsamer Konkurrenzartikel beider Kategorien unumgänglich. Eine Überbrückung der Gegensätze zwischen gemischten und reinen Werken ist indes bisher nie gelungen.

III. Die Kartellierungsschwierigkeiten in der neueren Zeit.

In der letzten Zeit — namentlich auch während des Krieges — ist die Zahl der reinen Walzwerke immer geringer geworden und damit zugleich ihre Bedeutung für die Eisenindustrie überhaupt und insonderheit für die Syndizierungsfrage in Stabeisen. An ihre Stelle ist der entwicklungskräftigere, zukunftsreichere Typ der Siemens-Martinwerke getreten. Schon 1904 spielten diese bei der Gründung des Stahlwerksverbandes eine ganz bedeutende Rolle. Ihr Widerstand vornehmlich war es auch, an dem der Stabeisenverband und die Syndizierung der B-Produkte scheiterten. Sie waren dem Stahlwerksverband nicht beigetreten, weil sie an den Verbandslasten nicht mittragen wollten. Vielmehr dehnten sie auf Kosten der Thomas-Stahlwerke und der reinen Walzwerke ihre Produktion in Stabeisen und Blechen aus und arbeiteten infolge ihrer günstigen Produktionsbedingungen zumeist sehr rentabel. Zwar sind ihre Produktionskosten höher als die der gemischten Werke, weil der Siemens-Martinprozeß an sich kostspieliger als der Thomasprozeß ist, und weil die technischen Vorteile der Kombination von Stahl- und Walzwerk beim Siemens-Martinprozeß bei weitem nicht so gewichtig sind wie beim gemischten Betrieb — dafür erhalten sie aber auch für ihre qualitativ besseren Erzeugnisse höhere Preise. Ihr Anlagekapital ist bedeutend geringer als das der riesigen gemischten Werke. Sie sind deshalb nicht so sehr auf die Stetigkeit der Produktion und damit auf Verbände angewiesen und zeigten daher auch an dem Zustandekommen eines Stabeisenverbandes so wenig Interesse. Kurzsichtig war diese Politik dennoch: denn es war doch vorauszusehen, daß die gemischten Werke sich nicht auf die

Dauer zugunsten der außenstehenden Siemens-Martinwerke und reinen Walzwerke in den B-Produkten festlegen würden. Tatsächlich verlegten sie ja auch in steigendem Maße den Schwerpunkt ihrer Tätigkeit in die B-Produktion, bis 1912 schließlich als logische Folge der Entwicklung die Verbandsfesseln in den B-Produkten gänzlich fielen.

Dadurch wurde natürlich eine Kartellierung von Stabeisen und den übrigen B-Produkten erst recht erschwert. War schon kurz nach Gründung des Stahlwerksverbandes das nichtsyndizierte Stabeisen zum Ventil der großen gemischten Werke geworden, so hatte die Konventionalstrafe, die auf die Überschreitung des Kontingentes gesetzt war, doch immerhin eine gewisse — wenn auch nicht unübersteigliche — Schranke gebildet. Jetzt aber ließen die Werke, deren übrige Produktion zum großen Teile syndiziert war, ihrem Ausdehnungsstreben in Stabeisen die Zügel schießen. Dem Stabeisenmarkt wurde damit jede feste Grundlage entzogen. Letzten Endes waren ja alle mit noch so großem Eifer betriebenen Kartellverhandlungen immer wieder an der Regelung der Beteiligungsziffer gescheitert. Gerade in Stabeisen glaubten die Werke besonders hohe Quotenforderungen stellen zu müssen, gerade hier konnte keine Einigung insbesondere darüber erzielt werden, welche Beteiligungsziffern den neugebauten Walzwerken, die in den letzten Jahren von den großen Werken in solchem Umfange ins Leben gerufen wurden, zuzubilligen sei.

Zum Teil wenigstens infolge des Scheiterns aller Syndizierungsbestrebungen hatte sich außerdem bei der Fabrikation des nicht kartellierten Stabeisens eine derartige Vielheit der Formen herausgebildet, daß schon allein deswegen von manchen [1] eine Syndizierung von Stabeisen überhaupt für grundsätzlich unmöglich gehalten wurde.

1) Vgl. z. B. K. V. Z. vom 29. Juli 1910.

Fünftes Kapitel.

Die Folgerungen für die Frage der Stabeisenkartellierung und die Bedeutung für den Ausbau der Gesamtorganisation der deutschen Eisenindustrie.

In der Tat kann angesichts der bisherigen Mißerfolge der Organisationsbestrebungen und der geschilderten Schwierigkeiten die Möglichkeit der Kartellierung von Stabeisen als fraglich oder zum wenigsten praktisch undurchführbar erscheinen.

I. Grundsätzliche und praktische Möglichkeit der Stabeisenkartellierung.

Daß der Artikel Stabeisen an sich grundsätzlich kartellierbar ist, steht freilich außer Frage. Das zeigt das Beispiel des Allgemeinen Deutschen Walzwerksverbandes, des Oberschlesischen Stahlwerksverbandes und verschiedener ausländischer Verbände, in denen Stabeisen syndiziert ist. Auch kann ja in dieser Hinsicht kaum ein Unterschied zwischen Stabeisen und den syndizierten Trägern liegen, da für beide gleichartige fabrikations- und absatztechnische Verhältnisse bestehen. Die vom Stahlwerksverband während des Krieges vorgenommene Einführung von Normalprofilen wird wohl auch bei Stabeisen die allzugroße Zahl und Verschiedenartigkeit der Formen einschränken.

Auch sonst sind inzwischen mancherlei Hindernisse, die sich im Laufe der Entwicklung der praktischen Durchführung des Kartellierungsgedankens entgegengestellt hatten, beseitigt worden. Mit dem Verschwinden der reinen Walzwerke ist ein Hauptstreitpunkt, an dem so viele frühere Organisationsbestrebungen scheiterten, weggefallen. Die Gegensätze zwischen den beiden anderen Unternehmungskategorien, den gemischten und den Siemens-Martinwerken, sind ebenfalls wesentlich gemildert worden, da die Siemens-Martinwerke sich den gemischten Werken genähert haben und zwischen den beiden Gattungen eigentlich überhaupt nur noch ein Unterschied im Grade der „Mischung" besteht. Als Folge ergibt sich hieraus nicht nur eine größere wirtschaftliche Interessengleichheit sowie eine Verringerung der Zahl der für die Kartellierung in Betracht kommenden Werke, sondern vor allem auch eine soziale Annäherung und zunehmende Gleichartigkeit der Unternehmerschicht — ein zumeist übersehenes Moment, das aber für das Zustandekommen von Kartellen vielfach von wesentlicher Bedeutung gewesen ist [1]).

II. Nutzen einer Stabeisensyndizierung.

Sehen wir von den Kriegsorganisationen ganz ab, so ergibt sich auch hiernach schon, daß höchstwahrscheinlich eine Kartellierung von Stabeisen sowohl grundsätzlich möglich, wie auch unter den angegebenen Verhältnissen praktisch durchführbar sein wird. Welchen Nutzen aber eine solche Syndizierung von Stabeisen für die Beteiligten haben könnte, geht aus einem Vergleich der Entwicklung der nicht syndizierten Stabeisenindustrie mit der syndizierten Trägerindustrie hervor, wie sie sich in der auf umstehendem Diagramm gezeichneten Preisentwicklung der beiden Artikel wiederspiegelt [2]). Der ruhigen, den Preisen für Thomasrohblöcke folgenden Linie der Preise für die syndizierten Träger steht die unruhige, sich stark hebende und

---

1) Die Wichtigkeit dieses Momentes hat besonders Wiedenfeld, der mit Vorliebe der Erforschung solcher persönlich-psychologischer Zusammenhänge nachgegangen ist, hervorgehoben unter Vergleichung der in dieser Beziehung verschieden gearteten Verhältnisse im Osten und Westen Deutschlands. Vgl. auch S. 15 u. 34/35 dieser Arbeit.

2) Dieses Diagramm ist gezeichnet nach den im Anhang der Gemeinf. Darstellung gegebenen Zahlen.

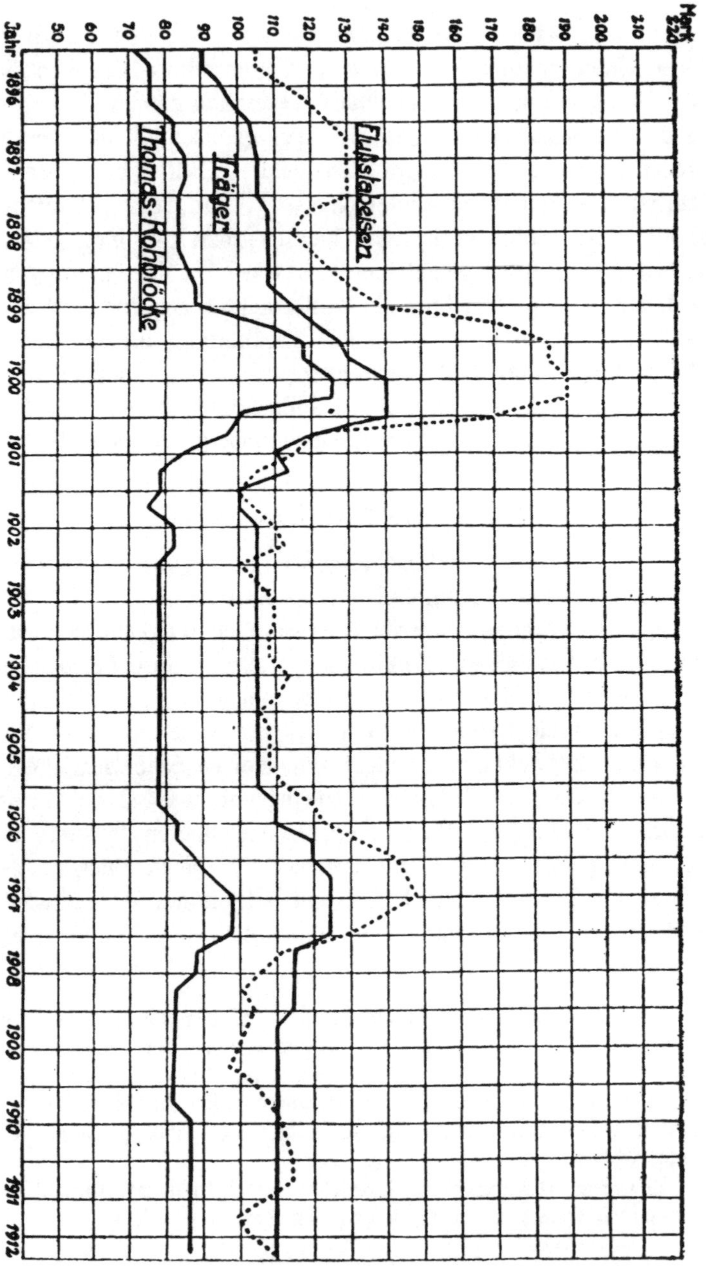
Mark
220
210
200
190
180
170
160
150
140
130
120
110
100
90
80
70
60
50
Jahr
1896
1897
1898
1899
1900
1901
1902
1903
1904
1905
1906
1907
1908
1909
1910
1911
1912
Flußstabeisen
Träger
Thomas-Rohblöcke

senkende Preislinie des nicht kartellierten Stabeisens gegenüber. Während die Spannung zwischen Rohmaterial- und Trägerpreis ziemlich konstant ist, wird sie bei Stabeisen bald außerordentlich hoch, bald außerordentlich niedrig. Im Verlauf der Hochkonjunktur von 1895 bis 1900 betrug nach der Mitteilung des Fabrikbesitzers Springmann (Hagen) in den Kontradiktorischen Verhandlungen (Heft 10, S. 389), die durchschnittliche Spannung zwischen Rohblöcken und Trägern 21,50 Mk., und in den folgenden Jahren des Niedergangs 26,60 Mk. — also eine S t e i g e r u n g um 26 Proz. in der Periode des N i e d e r g a n g s; bei dem nicht kartellierten Stabeisen dagegen betrug die durchschnittliche Spannung 49,75 Mk. und 29,54 Mk. während der gleichen Perioden — also ein R ü c k g a n g von 40 Proz! Ein durchschlagenderer Beweis für die die Konjunkturschwankungen ausgleichende Wirk ng der Kartelle läßt sich kaum wünschen. Eine solche Stetigkeit in der Preisentwicklung würde natürlich auch für Stabeisen von denkbar größtem und allgemeinem Nutzen sein. Gemeinhin ist man der Ansicht, daß bei Bestehen der freien Konkurrenz durch die niedrigeren Preise das Streben nach Selbstkostenerniedrigung stärker wirksam sei als bei Bestehen von Verbänden, und daß vor allem durch die unbegrenzte Ausdehnungsmöglichkeit der nicht kartellierten Unternehmungen deren Leistungsfähigkeit erhöht werde. Demgegenüber muß aber betont werden, daß nicht mit jeder Betriebsvergrößerung notwendig auch eine Selbstkostenerniedrigung verbunden sein muß, daß vielmehr die modernen Riesenbetriebe der Eisenindustrie vielfach an jenen Grenzen angelangt sind, wo eine weitere Ausdehnung infolge Verminderung der Übersichtlichkeit, der zunehmenden Bureaukratisierung, der Verteuerung des Verwaltungsapparates usw. wirtschaftlich nachteilig für das Gesamtunternehmen zu werden beginnt. Eine Konzentrationsmüdigkeit kommt bereits in dem Geschäftsbericht von Phoenix im Jahre 1912 zum Ausdruck [3]). Wenn aber Stabeisen syndiziert ist, wären die S t a b -

3) Beim Allgemeinen Deutschen Walzwerksverband war allerdings ein anderer Entwicklungsgang eingetreten (vgl. S. 28). Hier

eisenproduzenten der Sorge um den Absatz überhoben und könnten ihre Kräfte in erhöhtem Maße der inneren Organisation und der Förderung der Produktionstechnik zuwenden. Die dadurch jedenfalls zu ermöglichende Verbilligung der Selbstkosten und möglicherweise noch zu erhöhende Anwendungsfähigkeit von Stabeisen würde eine Zunahme des Stabeisenverbrauchs zur Folge haben. Das aber würde den Gewinn der Stabeisenhändler, der meist prozentual auf die Umsatzmenge zugeschlagen wird, vergrößern. Auch für die Stabeisenweiterverarbeiter, die Verfeinerungsindustrie, würden die stetigen Preise angenehm sein, da sie ihr Rohmaterial, das weniger abhängig von Konjunkturschwankungen wäre, genauer und einfacher einkalkulieren könnten. Vor allem würde der Stabeisenhandel aber die Syndizierung von Stabeisen „mit Freuden begrüßen“, wie sich der Generaldirektor des mächtigen Ravenékonzerns ausdrückte [4].

Im Geschäftsbericht der Deutschen Eisenhandels-Akt.-Ges. 1910 heißt es: „Wir unsererseits haben schon wiederholt ausgesprochen, daß wir Anhänger von Fabrikantenverbänden sind, welche auf berechtigte Interessen des Handels Rücksicht nehmen, denn nur in der Verbandskonstellation, bei feststehenden Quotenansprüchen der Produzenten sind wir in der Lage, unsere Verkaufsorganisation der Gesamtheit der Werke in gerechter Weise zur Verfügung zu stellen.“ Erst wenn die

---

hatten die hohen Gewinne der syndizierten Stabeisenwalzwerke manche Drahtwalzwerke veranlaßt, ihre Walzdrahterzeugung einzuschränken und statt dessen ihre Walzstraßen auf die Erzeugung von Stabeisen einzurichten. Ein solcher Entwicklungsgang ist aber unter den heutigen Verhältnissen ganz unwahrscheinlich. Die großen gemischten Werke haben ja weniger Interesse an absolut hohen Preisen eines ihrer Fabrikate, als vielmehr an möglichst großem Umsatz und möglichst geringem Anteil der Produktionseinheit an den gesamten konstanten Unkosten. Gerade daraus entspringt eben der Drang zur Ausdehnung, welcher den modernen Großunternehmungen eigentümlich ist.

4) Vgl. Kart. Rundsch., Jahrg. 1910, S. 563.

kartellierten Stabeisenhändler sich auf ein festes Produzentenkartell, mit dem sie im ausschließlichen Verbandsverkehr stehen, stützen können, werden sie vor Preisunterbietungs- und Außenseitergefahr unbedingt geschützt sein.

III. Zweckentsprechendste Kartellierungsform; die Frage der Regelung der Beteiligungsziffern und der Verbandsbildung in B-Produkten; der ausschließliche Verbandsverkehr und die Generalkartellidee.

Alle die aufgeführten möglichen Vorteile einer Stabeisenkartellierung sind indes stark bedingt durch die Form der Kartellierung. Daß lose Preiskonventionen — wenigstens für Stabeisen — nicht als zweckentsprechende, dauernde Organisationsform anzusehen sind, hat die Geschichte der Organisationsbestrebungen deutlich genug gezeigt. Diese „Mogelverbände", wie sie die Kölnische Zeitung einmal scharf, aber treffend bezeichnete, pflegten ja stets nur ephemere Erscheinungen zu sein. Eine wirklich durchgreifende, dauernde Organisation von Stabeisen-Erzeugung und -Absatz kann nur auf Grund einer straffen Syndizierung erfolgen. Die wichtigste Voraussetzung hierfür ist die Regelung der Beteiligungsziffern. Zur Lösung dieser Kardinalfrage waren eine Reihe von Vorschlägen gemacht worden. Selbst bei dem Vorschlag der Firma Hoesch im Jahre 1909 zur Bildung eines bloßen „Halbkartells", bei dem nur die Produktion quotisiert und die Ausfuhr subventioniert, den Werken aber im übrigen völlig freie Hand gelassen werden sollte, stieß man schon auf die Schwierigkeit einer alle Teile befriedigenden Regelung der Beteiligungsziffern. Da entsteht zunächst die Frage, welches die zweckentsprechendste Grundlage für die Festsetzung der Beteiligungsziffern sei; sodann: ob die Syndizierungsbestrebungen in den einzelnen Walzwerksfabrikaten unabhängig voneinander stattfinden, ob Einzelverbände mit Spezialverkaufsorganisationen ins Leben gerufen werden sollten, oder ob für sämtliche B-Produkte ein einziger Verband, gegebenenfalls im

Anschluß an den alten Stahlwerksverband, zu bilden sei. Würde man alle Kräfte zusammenfassen, um zunächst ein Syndikat für das wichtigste Walzfabrikat, das Stabeisen, zustande zu bringen, so würde das vielleicht die Entstehung von Verbänden in den anderen B-Produkten, wo die zu überwindenden Schwierigkeiten im allgemeinen nicht so groß sind, beschleunigen und auf diese Weise zu einer Syndizierung sämtlicher Walzwerksfabrikate führen. Die große Gefahr dabei ist aber die, daß, wenn zunächst nur Stabeisen allein syndiziert wäre, die Werke leicht geneigt sein würden, von nun an sich in erhöhtem Maße mit der Erzeugung von nichtkartellierten B-Produkten, z. B. Blechen, zu befassen. Das Beispiel für eine derartige Entwicklungsmöglichkeit ist in der Verschiebung gegeben, die bald nach Gründung des Stahlwerksverbandes in der Erzeugung von A- und B-Produkten eintrat, wo die Werke ihrem in den syndizierten A-Produkten gehemmten Ausdehnungsdrang in den seit 1912 nicht einmal mehr kontingentierten B-Produkten Luft machten. Um zu vermeiden, daß die nicht durch Syndikate gebundenen Erzeugnisse unter verschärften Preisdruck geraten, muß die Syndizierung aller B-Produkte gleichzeitig auf einer einheitlichen Grundlage erfolgen. Als diese Grundlage wurde 1913 von Thyssen und später von Eich und Müller die Gesamt-Rohstahlerzeugung bezeichnet, d. h. die gesamte Erzeugung sowohl an A- als auch an B-Produkten eines jeden Werkes zuzüglich der Zukäufe in Stahl oder Halbzeug, die nachgewiesenermaßen innerhalb der Einschätzungszeit abgewickelt worden sind [1]). Die so ermittelte Gesamtbeteiligung eines Werkes kann alsdann auf die einzelnen Walzwerkserzeugnisse unterverteilt werden. Auf solcher Grundlage kann sich aber noch kein Syndikat, das längere Dauer haben soll, allein aufbauen: Können beliebig Neuanlagen errichtet werden, so wird es stets zur Uneinigkeit kommen zwischen den Werken, die große Quotenforderungen für ihre Neuanlagen fordern und denjenigen, die nicht neu gebaut haben und den status quo erhalten wissen wollen.

---

1) Vgl. Eichsche Vorschläge, Anhang, Anl. 6.

Hieran vornehmlich waren ja die Syndizierungsbestrebungen in den letzten Jahren vor dem Kriege immer wieder gescheitert. Das große Verdienst der Eichschen Vorschläge beruht gerade darin, eine Lösungsmöglichkeit auch für die wichtige Frage der Regelung des Weiterausbaues eröffnet zu haben. Danach ist den Werken die Verpflichtung aufzuerlegen, während der Syndikatsdauer nicht eher zur Schaffung von Neuanlagen zu schreiten, bis der Konsum in die Leistungsfähigkeit der Werke hineingewachsen ist. Von da an erst tritt entsprechend der mutmaßlichen Steigerung der Absatzmöglichkeit die sogenannte Bauquote in Kraft.

Ist es möglich, die Werke zur Annahme dieser Verpflichtung zu gewinnen, so ist damit die wichtigste Grundlage für eine umfassende, straffe Regelung des Verhältnisses der Produktionsfähigkeit der Werke zu der Aufnahmefähigkeit des Marktes geschaffen, wodurch allein die erforderliche Stetigkeit ermöglicht wird.

Die Regelung der übrigen Fragen könnte hiernach keine allzu großen Schwierigkeiten mehr bereiten. Daß ein Nichteinbegreifen der Ausfuhr in die Verbandstätigkeit eine große Gefahr in sich birgt, hatte bereits das Beispiel des Allgemeinen Deutschen Walzwerksverbandes bewiesen. Hier hatte sich auch deutlich die Notwendigkeit des Schutzes gegen Außerverbandskonkurrenz gezeigt[1]. Als wirksamster Schutz kommt da das Mittel des ausschließlichen Verbandsverkehrs in Betracht, wie er — im kleinen Maßstabe — im Verkehr zwischen dem kartellierten Stabeisenhandel und dem Schmiedebund bereits besteht. In der gleichen Richtung laufen die Eichschen Vorschläge über den Produktionsschutz der Verbandswerke unter sich und gegen Außenseiter. Das Mittel des ausschließlichen Verbandsverkehrs kann auch den Händlern

1) Vgl. S. 29 dieser Arbeit.

gegenüber Anwendung finden, die, wie die Geschichte der Organisationsbestrebungen zeigt, vielfach durch Preisunterbietungen die Existenz der Kartelle gefährdeten.

Beziehungen im Sinne des ausschließlichen Verbandsverkehrs lassen sich in der Eisenindustrie um so leichter herstellen, als Handelskartelle insbesondere in Träger- und Stabeisen bereits bestehen, und der Handel Produzentenkartellen im allgemeinen freundlich gegenübersteht, weil Handelskartelle der festen Grundlage in Gestalt von Produzentenkartellen bedürfen. Den Produzentenkartellen wird anderseits, wenn sie mit Handelskartellen in festem Geschäftsverkehr stehen, die Marktübersicht sehr wesentlich erleichtert. Eine je vollkommenere Marktübersicht aber ein Kartell besitzt, um so besser kann es seine Aufgaben hinsichtlich der Ausgleichung von Konjunkturschwankungen erfüllen. Innerhalb verwandter Produktionszweige besteht schließlich für einen mehrere Fabrikate umfassenden Verband die von Eich in Betracht gezogene Möglichkeit des Produktionsausgleichs für den Fall, daß der Absatz in dem einen oder anderen Erzeugnis zurückgeht, dagegen in verwandten Erzeugnissen der Absatz gesteigert werden kann.

Alle die geschilderten Ausbaumöglichkeiten sind aber an die Voraussetzung geknüpft, daß in dem zu bildenden Syndikat sämtliche Walzwerksfabrikate erfaßt werden. Das Zustandekommen eines solchen umfassenden Verbandes ist in erster Linie von der Syndizierung von Stabeisen abhängig. Stabeisen ist das weitaus wichtigste Walzwerksfabrikat. Hier sind die größten Schwierigkeiten zu überwinden. Anderseits scheint eine dauernde straffe Syndizierung von Stabeisen nur möglich, wenn auch die übrigen B-Produkte syndiziert sind. Die Frage der Syndizierung von Stabeisen und die Verbandsbildung in B-Produkten stehen in engster Beziehung und Wechselwirkung zueinander. Gelingt also die Syndizierung von Stabeisen, so ist damit zugleich die Möglichkeit für die Schaffung eines die ganze Stahlerzeugung umspannenden Generalkartells, für den planmäßigen Ausbau des Syndikatswesens der gesamten deutschen Eisenindustrie gegeben. Da die Kohlenindustrie bereits im Kohlensyndikat zusammengefaßt ist, so würden alsdann die beiden Industrien, die das Fundament des deutschen Wirtschaftsgebäudes bilden, in den Rahmen von in sich selbst geschlossenen, straffen Organisationen eingespannt sein. Die Preispolitik solcher mächtiger Gebilde würde in der Lage sein, in weitgehendem Maße die für das moderne Wirtschaftsleben so ungemein wichtige Stetigkeit der Verhältnisse durch möglichste Anpassung der Erzeugung an den Bedarf zu erzielen. Daran würde aber auch die Arbeiterschaft insofern Interesse haben, als durch die stetigeren Verhältnisse die bei Konjunkturumschlägen eintretenden Arbeiterentlassungen und Lohnherabsetzungen eingeschränkt, und durch im allgemeinen höhere und stetigere Gewinne der Unternehmer höhere und stetigere Löhne der Arbeiter ermöglicht werden könnten [2]).

Zur Verhütung eines Mißbrauchs der Machtfülle eines solchen Generalkartells der deutschen Eisenindustrie könnten ähnliche Mittel Anwendung finden wie beim Kohlensyndikat, vor allem in Form der staatlichen Beteiligung an den großen Konzernen. Die weitgehenden Möglichkeiten, die in dieser Beziehung bestehen, hat ja deutlich die Kriegswirtschaft gezeigt. Daß gewichtige Gründe für die Syndizierung sprechen, ist jedenfalls unverkennbar. Die Verwirklichung des Gedankens eines Generalkartells der deutschen Eisenindustrie war bereits bei der Gründung des Stahlwerksverbandes erstrebt und auch in der Folgezeit von einem Adolf Kirdorf neben einer Reihe anderer hervorragender Eisenindustrieller als die vornehmste Aufgabe des Verbandes hingestellt worden. Diesen Zweck sollten in erster Linie auch der Rohstahlverband und der Deutsche Stahlbund verfolgen. Alle darauf abzielenden Bestrebungen waren aber letzten Endes immer wieder im Sande verlaufen. Die Frage der Syndizierung von Stabeisen hatte dabei eine bedeutsame Rolle gespielt. Die sachlichen Schwierigkeiten, die einer Syndizierung dieses

---

2) Vgl. hierzu den Abschnitt: Soziales Schlußwort, sowie den Anhang in Wiedenfeld, Das Rheinisch-Westf. Kohlensyndikat.

wichtigsten B-Produktes entgegenstehen, sind, wie wir sahen, in der letzten Zeit erheblich geringer geworden, können jedenfalls nicht als unüberwindlich angesehen werden. Die letzte Entscheidung liegt aber bei den Unternehmern selbst, und unberechenbare persönliche Momente spielen beim tatsächlichen Wirtschaftsgeschehen eine oft ausschlaggebende Rolle. Wie die Frage tatsächlich gelöst werden wird, darüber läßt sich auch nicht annähernd Bestimmtes voraussagen.

Schlußwort.

Der Einfluß des Krieges auf die Organisationsbestrebungen.

Sicher erscheint nur, daß das ganze Problem nach dem Kriege wieder aufgerollt werden wird. Der Krieg selbst hat bisher einen bedeutenden Einfluß unmittelbarer Art auf die Lösung der Frage nicht gehabt. Die unter den anormalen Zuständen der Kriegswirtschaft und unter dem Druck der Regierung in Eisen-Industrie und -Handel entstandenen Kartellgebilde tragen deutlich den Stempel von bloßen Kriegsorganisationen. Immerhin ist es nicht unwichtig, daß die Stabeisenfabrikation, die den Verbandsfesseln so ganz entwachsen war, während des Krieges wieder einer Kontingentierung unterworfen ist. Vor allem wird nach dem Kriege zunächst eine frühere Hauptschwierigkeit ausgeschaltet sein: Die Streitfrage, welche Quote den Neuanlagen zu bewilligen sei. Denn zu Neubauten in größerem Umfange wird es während des Krieges wohl kaum kommen. Überhaupt hat sich während des Krieges eine völlige Umkehrung des normalen Friedenszustandes vollzogen. Nicht mehr eilt die Produktionsfähigkeit der Werke der Konsumfähigkeit des Marktes weit voraus, wie das im Frieden durchaus die Regel bildete, sondern die Leistungsfähigkeit der Werke ist hinter den Ansprüchen des Marktes während des Krieges infolge von Arbeitermangel, Verkehrsstörungen und den daraus folgenden Schwierigkeiten in der Beschaffung der Rohstoffe weit zurückgeblieben[1]. In dem im Oktober 1916 gegründeten Deutschen Stahlbund trat eine wirt-

1) Vgl. Geschäftsbericht des Stahlwerksverbandes 1916/17.

schaftliche Interessenvereinigung ins Leben, als deren vornehmste Aufgabe die Lösung der Organisationsfragen der Industrie, insbesondere die Bildung von B-Verbänden bezeichnet wurde. Diese Aufgabe erhält angesichts des zu erwartenden Wirtschaftskampfes nach dem Kriege und der Gefahr eines einschneidenden staatlichen Eingriffs auch in die Verhältnisse der Eisenindustrie eine erhöhte Bedeutung. Andererseits hat der Organisationsgedanke gerade während des Krieges auf den verschiedensten Gebieten tiefe Wurzeln geschlagen. Da ist es denn sehr wohl möglich, daß sich auch in den maßgebenden Kreisen der deutschen Eisenindustriellen die Erkenntnis der Vorteile, die eine in sich geschlossene Organisation unter diesen Umständen bieten kann, in gesteigertem Maße durchsetzen wird. Auf diese Weise würde durch den Krieg vielleicht dann — mittelbar wenigstens — ein günstiger Einfluß auf die Syndizierungsbestrebungen ausgeübt worden sein, und Heraklit behielte auch in diesem Falle recht mit seinem Worte, daß der Krieg der Vater aller Dinge sei.

Anhang.

Anlage 1.

Entwurf des Verbandes deutscher Walzeisenwerke.

Zwischen den unterzeichneten Firmen ist heute Nachstehendes vereinbart worden:

1.

Um eine unsolide Konkurrenz zu verhindern, die Produktion der hier in Rede stehenden Fabrikate mit der Aufnahmefähigkeit des inländischen Marktes in Einklang zu bringen und dadurch mittelbar für dieselben einen reellen Verkaufspreis zu erzielen, treten die Firmen, welche Eisen bzw. Flußstahl oder Flußeisen zu Stabeisen, Blechen, Draht und Fassoneisen verarbeiten, zur Bildung eines

Verbandes deutscher Walzeisenwerke mit dem Domizil in Berlin

zusammen.

Als Stabeisen ist anzusehen folgendes Walzeisen aus Schweißeisen, Flußstahl und Flußeisen:

a) Rund- und Quadrateisen 4 mm und dicker (Rund- und Quadrateisen bis 15 mm dick rechnet nur dann zu Stabeisen, wenn dasselbe in Stäben, nicht in Ringen zur Ablieferung gelangt);

b) Flach- und Universaleisen, einschließlich Bandeisen in allen Dimensionen;

c) Schneideisen;

d) Winkeleisen und sonstiges Fassoneisen aller Art (Roststabeisen, Reifeneisen, Fenster-, Säulen-, Faßreifen-, Haspen-, Speichen-, T-, H-, U-, Z-, Zores- und Quadranteisen usw.), T-, H-, U-, Z-, Zores- und Quadranteisen im Gewicht von über 10 kg pro laufenden Meter gehört im Sinne der Konvention nicht zu Stabeisen, sondern zu Fassoneisen;

e) Schienen und Schwellen im Gewicht bis zu 10 kg pro laufenden Meter, ebenso Kleineisenzeug, welches zu solchen Schienen und Schwellen verwendet wird. Schwerere Schienen und Schwellen, ebenso Kleineisenzeug, welches zu solchen Schienen und Schwellen verwendet wird, gehören nicht in den Rahmen dieser Konvention;

f) Gabel-, Pflugscharen-, Feilen- und Breiteisen, wenn auch nicht scharfkantig gewalzt, ferner Knüppel und Platinen, sofern solche nicht an Draht-Konventionswerke zur Weiterverarbeitung geliefert werden.

Als Blech ist anzusehen alles Walzeisen aus Schweißeisen, Flußstahl und Flußeisen, welches auf Blechwalzen hergestellt wird, hierzu gehören auch gemusterte Bleche.

Als Draht ist anzusehen alles Walzeisen aus Schweißeisen, Flußstahl und Flußeisen, welches auf Drahtstraßen hergestellt und in Ringen aufgewickelt in den Handel oder zur Weiterverarbeitung gebracht wird. Hierzu gehören nicht allein runde, sondern auch quadratisch oder fassoniert gewalzte Drähte.

Als Fassoneisen ist anzusehen folgendes Walzeisen aus Schweißeisen, Flußstahl und Flußeisen: T-, H-, U-, Z-, Zores- und Quadranteisen im Gewicht von über 10 kg pro laufenden Meter.

Mitgliedschaft.

2.

Jede Firma im deutschen Zollgebiet, welche ein oder mehrere Walzwerke betreibt, in denen die in 1. bezeichneten Fabrikate hergestellt werden, ist zum Eintritt in den Verband berechtigt.

Die Anmeldung geschieht bei dem Vorstande der Gruppen.

Organe des Verbandes.

3.

Die Organe des Verbandes sind:

1. seine Generalversammlung,
2. sein Hauptvorstand,
3. sein Vorsitzender,
4. seine Provinzialunterverbände (Gruppen).

Generalversammlung.

4.

Im Mai und im November jeden Jahres findet je eine ordentliche Generalversammlung statt. Außerordentliche Generalversammlungen zu berufen, ist der Hauptvorstand berechtigt und auf Antrag einer Gruppe oder von 20 Verbandsmitgliedern verpflichtet, in den letzten beiden Fällen muß die Berufung so erfolgen, daß die Generalversammlung spätestens 3 Wochen, nachdem der Antrag eingegangen, stattfindet.

Zu den ordentlichen wie außerordentlichen Generalversammlungen sind die Mitglieder unter Mitteilung der Tagesordnung spätestens 8 Tage vorher einzuladen.

Die Generalversammlung ist ohne Rücksicht auf die Anzahl der erschienenen Verbandsmitglieder beschäftigt.

In den Generalversammlungen erfolgt die Abstimmung nicht nach der Zahl der erschienenen Personen, sondern nach der Zahl der vertretenen Stimmen (18). Eine andere Art der Abstimmung kann nur erfolgen, wenn in der Versammlung kein Widerspruch dagegen erhoben wird.

Die Beschlüsse werden, insoweit dieser Vertrag nicht anders bestimmt, mit absoluter Majorität gefaßt. Über die Art der Abstimmung entscheidet bei Wahlen das Los, bei allen andern Abstimmungen gilt Stimmengleichheit als Ablehnung.

Den Vorsitz in der Generalversammlung führt der Vorsitzende des Hauptvorstandes.

Hauptvorstand.

5.

Der Hauptvorstand besteht aus den vier Vorsitzenden der Gruppen (7) bzw. deren Stellvertretern und aus je einem Delegierten aus jeder Gruppe für jeden der in 1. bezeichneten Fabrikationszweige.

Die Delegierten werden für die Dauer eines Geschäftsjahres von den Generalversammlungen der Gruppen gewählt.

Die Mitglieder des Vorstandes, welche im Laufe des Geschäftsjahres ausscheiden, sind durch die betreffende Gruppe zu ersetzen; erfolgt der Ersatz nicht, so wird die Zuständigkeit des Vorstandes dadurch nicht beeinflußt.

Die Mitglieder des Vorstandes sind berechtigt, ein anderes Mitglied mit Führung ihrer Stimme zu beauftragen.

Die Mitglieder des Hauptvorstandes versehen ihr Amt als Ehrenamt, haben jedoch Anspruch auf Ersatz ihrer baren Auslagen.

In den Sitzungen des Hauptvorstandes hat jedes Mitglied eine Stimme. Der Hauptvorstand ist beschlußfähig, wenn mindestens drei Gruppen bei der Beschlußfassung vertreten sind.

Die Befugnisse des Hauptvorstandes regeln sich nach den Bestimmungen dieses Vertrages.

Vorsitzender.

6.

Der Hauptvorstand wählt aus seiner Mitte für die Dauer eines Jahres einen Vorsitzenden und zwei Stellvertreter desselben, welche ihr Amt bis zum Ablauf des Geschäftsjahres verwalten. Die Befugnisse des Vorsitzenden regeln sich nach den Bestimmungen dieses Vertrages.

Bildung der Gruppen.

7.

Innerhalb des Verbandes werden folgende Unterverbände (Gruppen) gebildet:

1. Rheinland und Westfalen, jedoch ohne den Regierungsbezirk Trier und ohne den Kreis Wetzlar:
   Rheinisch-Westfälische Gruppe;
2. Süddeutschland südlich des Mains, mit Einschluß des Regierungsbezirks Trier, des Kreises Wetzlar, Nassau, Oberhessen, der Rheinpfalz, Elsaß-Lothringen und Luxemburg:
   Süddeutsche Gruppe;
3. Ostdeutschland, d. h. Schlesien und die übrigen Provinzen und Länder östlich der Elbe, jedoch ohne Königreich Sachsen:
   Ostdeutsche Gruppe;
4. Mitteldeutschland, d. h. alle andern Teile des Deutschen Reichs, insbesondere Sachsen und der Harz:
   Mitteldeutsche Gruppe.

Die Gruppen stellen für sich besondere Statuten auf, welche nichts enthalten dürfen, was den Bestimmungen des Verbandsvertrages zuwiderläuft. Die Statuten sind dem Hauptvorstande zur Genehmigung zu unterbreiten und den andern Gruppen zur Kenntnis zu bringen. Die Gruppen sind ferner auch berechtigt, in den Rahmen ihrer Organisation Verbände für die einzelnen Betriebszweige zu bilden.

8.

Die Organe sind:

1. die Generalversammlung,
2. der Vorstand,
3. der Vorsitzende.

Generalversammlung der Gruppen.

9.

Im April und Oktober jedes Jahres findet in jeder Gruppe je eine ordentliche Generalversammlung statt. Außerordentliche Generalversammlungen zu berufen ist der Gruppenvorstand berechtigt und auf Antrag von 6 Verbandsmitgliedern verpflichtet, in dem letzteren Falle muß die Berufung so erfolgen, daß die Generalversammlung spätestens 3 Wochen, nachdem der Antrag bei dem Vorstand eingegangen ist, stattfindet.

Im übrigen gelten für die Generalversammlung der Gruppen die in 4., Absatz 2, 3 und 4 enthaltenen Bestimmungen für die Generalversammlung des Vorstandes.

Die Befugnisse der Generalversammlung der Gruppen regeln sich nach den Bestimmungen dieses Vertrages und der eigenen Gruppen.

Gruppenvorstände.

10.

Die Vorstände der Gruppen bestehen aus 5 bis 9 von der Generalversammlung für die Dauer eines Geschäftsjahres gewählten Mitgliedern, welche bis zum Ablauf des Geschäftsjahres in Funktion bleiben.

Im übrigen gelten für die Gruppenvorstände die in 5., Absatz 4 und 5 für den Hauptvorstand enthaltenen Bestimmungen.

Die Befugnisse der Gruppenvorstände regeln sich nach den Bestimmungen dieses Vertrages.

Vorsitzende der Gruppen.

11.

Die Gruppenvorstände wählen aus ihrer Mitte für die Dauer eines Jahres einen Vorsitzenden und einen Stellvertreter desselben, welche ihr Amt bis zum Ablauf des Geschäftsjahres verwalten. Die Befugnisse derselben regeln sich nach den Bestimmungen dieses Vertrages und der eigenen Statuten.

12.

Die Gruppen sind berechtigt, zur Verfolgung besonderer in ihren Statuten bezeichneten Zwecke Beiträge von den Mitgliedern zu erheben, über welche die Verfügung dem Gruppenvorstande zusteht. Die Verwaltungskosten sind den Gruppen von der Verbandskasse zu ersetzen.

Geschäftsführung des Verbandes.

13.

Der Hauptvorstand überträgt die Geschäfte des Verbandes einem Geschäftsführer, der nicht Mitglied desselben, auch nicht einer Verbandsfirma, oder Angestellter einer solchen sein darf. Die Funktionen und Befugnisse des Geschäftsführers werden durch eine von dem Hauptvorstande festzustellende Geschäftsordnung geregelt.

Anmeldung.

14.

Jede Firma hat bei der Anmeldung anzugeben:

1. Die Höhe des gesamten Absatzes in den im 1. bezeichneten Fabrikaten, getrennt nach den ebendaselbst angegebenen vier Hauptklassen, und zwar für den Zeitraum vom 1. Januar 1884 bis 31. Dezember 1884.

2. Die Höhe des in dem sub 1 bezeichneten Zeitraum innerhalb der Grenzen des deutschen Zollgebietes abgesetzten Quantums, gleichfalls getrennt nach den Klassen.
3. Die Höhe des in demselben Zeitraum über die Grenzen des deutschen Zollgebietes ausgeführten Quantums, gleichfalls getrennt nach den Klassen.

Betreibt ein und dieselbe Firma gleichzeitig Werkstätten zur Weiterverarbeitung der eigenen in 1. genannten Walzwerksprodukte, so gilt das von denselben an die ersteren abgeführte Quantum, soweit dasselbe zu Waren verarbeitet wird, welche zum Verkauf an Dritte bestimmt sind, als Absatz im Sinne der Ziffer 2 dieses Paragraphen. Demgemäß ist das Quantum, welches zu Artikeln zum Verbrauch im eigenen Werke verarbeitet wird, ausgeschlossen.

Werden in eigenen oder fremden Werkstätten, die somit als Konsumenten auftreten, Mengen der genannten Walzwerksprodukte zu Waren verarbeitet, welche ausgeführt sind, oder ausschließlich für die Ausfuhr bestimmt sind, so sollen jene Mengen als Ausfuhr im Sinne der Ziffer 3 dieses Paragraphen gelten. Den Nachweis hat die Firma zu führen, welche die Walzwerksprodukte liefert.

Schiffsmaterialien gelten als Ausfuhr im Sinne der Ziffer 3.

Lieferungen an Zwischenhändler gelten nur als Ausfuhr im Sinne der Ziffer 3, wenn die Versendung ins Ausland direkt vom Werke aus geschieht.

Prüfung der Anmeldungen.

15.

Die Anmeldungen, sowie die zu denselben gehörigen Angaben (14) sind bei dem Vorstand der Gruppe einzureichen. Die Prüfung der gemachten Angaben durch Delegierte des Vorstandes ist obligatorisch. Die Firmen sind verpflichtet, den Delegierten Einblick in ihre Geschäftsbücher zu gestatten, soweit solches zur Prüfung der Richtigkeit ihrer Angaben erforderlich ist.

Verteilung des Jahresabsatzquantums.

16.

Der Hauptvorstand hat jährlich eine Aufstellung über dasjenige Quantum zu machen, welches von den in 1. bezeichneten Walzwerksprodukten, nach Klassen getrennt, in dem folgenden Geschäftsjahre innerhalb der Grenzen des deutschen Zollgebiets voraussichtlich abgesetzt werden kann.

Diese Aufstellung ist spätestens bis zum 1. Oktober den Gruppenvorständen zu übermitteln, welche dieselbe den Generalversammlungen zur Begutachtung zu unterbreiten haben.

Der Hauptverband hat seine Aufstellung mit den eingegangenen Gutachten der ordentlichen Generalversammlung des Verbandes vorzulegen, welche endgültig darüber zu beschließen hat.

Das solcher Art festgestellte, voraussichtlich im deutschen Zollgebiet abzusetzende Quantum wird im Verhältnis zu den nach 4., Ziffer 2 gemachten Angaben, nach Klassen getrennt und nach Tonnen berechnet, auf die Verbandsfirma repartiert. Bei der Berechnung sind Bruchteile unter $^1/_2$ t zu streichen, über $^1/_2$ t für voll zu rechnen.

Die Generalversammlung kann beschließen, daß das vorstehend ermittelte vorausichtliche Quantum des Jahresabsatzes um einen gewissen Prozentsatz gekürzt wird, wodurch das jeder Verbandsfirma zuzuteilende Absatzquantum im Verhältnis zu dieser Kürzung vermindert wird. Ein solcher Beschluß erfordert die Zustimmung von $^2/_3$ der in der Generalversammlung vertretenen Stimmen.

Ausnahmsweise kann auf Antrag eines Gruppenvorstandes der Hauptvorstand einer Firma aus besonderen Gründen für gewisse Zeit ein höheres als das ratierlich auf sie entfallende Jahresabsatzquantum bewilligen.

Verbands- und Gruppenlisten.

17.

Mit dem nach 16. festgestellten Jahresabsatzquantum für den deutschen Markt wird jedes Mitglied in die Verbandsliste eingetragen.

Für die Gruppen sind in der derselben Weise besondere Gruppenlisten anzulegen.

Stimmenzahl.

18.

Je 500 t des in die Verbands- bzw. Gruppenlisten eingetragenen Jahresabsatzquantum 16. berechtigen zur Führung einer Stimme in den Generalversammlungen. Ist das Jahresabsatzquantum durch 500 nicht teilbar, so wird für eine sich ergebende überschießende Bruchziffer von über 250 eine Stimme zugezählt. Eine Bruchziffer von 250 und darunter bleibt bei der Berechnung außer Betracht.

Abgaben an die Verbandskasse.

19.

Jede dem Verbande als Mitglied angehörende Firma ist verpflichtet, fogende Abgaben an die Verbandskasse zu zahlen:

1. Von jeder vollen Tonne des gemäß 14., Ziffer 2 abgesetzten Quantums in den ersten 6 Monaten der Gültigkeit des Vertrags 5 Mk. (fünf Mark), in den folgenden 6 Monaten 7,50 Mk. (sieben Mark 50 Pf.), von da ab 10 Mk. (zehn Mark).

2. Von jeder vollen Tonne, welche eine Firma über das Jahresabsatzquantum, mit welchem sie in die Verbandsliste eingetragen ist, innerhalb des deutschen Zollgebietes abgesetzt hat, 15 Mk. (fünfzehn Mark).

20.

Die gemäß 19, Ziffer 1 zu zahlende Abgabe ist von den Verbandsmitgliedern ohne besondere Aufforderung gleichzeitig mit der Statistik, also monatlich an die Verbandskasse abzuführen.

Abrechnung.

21.

Nach Schluß eines jeden Vereinshalbjahres hat der Hauptvorstand zunächst das Gesamtquantum festzustellen, welches von den Verbandsmitgliedern (Ziffer 2) innerhalb der Grenzen des deutschen Zollgebietes abgesetzt ist.

Ergibt sich, daß das ermittelte in demselben Semester effektiv abgesetzte Quantum größer ist als die Hälfte des gemäß 16. festgestellten Jahresabsatzquantums, so wird das Mehr nach Magabe von 16., Absatz 5 unter die Verbandsmitglieder verteilt und der Hälfte des Jahresabsatzquantums, mit welchem sie in die Verbandsliste eingetragen sind, zugeschrieben.

Ergibt die wie vor aufgestellte Berechnung, daß das effektiv abgesetzte Quantum geringer ist als die Hälfte des angenommenen Jahresabsatzquantums, so wird das Minus in gleicher Weise auf die Verbandsmitglieder repartiert und von der Hälfte des Jahresabsatzquantums, mit welchem sie in der Verbandsliste eingetragen sind, abgeschrieben.

Das somit in der Verbandsliste berichtigte Halbjahresquantum ergibt für das betreffende Halbjahr die Grundlage einerseits für die Berechnung und Ausschreitung der für den Mehrabsatz zu erhebenden Abgabe, andrerseits für die Berechnung und Auszahlung der Entschädigung für den Minderabsatz.

Mehrabsatz.

22.

Nach Schluß jeden Semesters hat der Vorstand nach der Statistik für jede Firma das effektiv abgesetzte Quantum festzustellen und, falls der Absatz größer gewesen als das gemäß 21. festgesetzte Quantum, für den Mehrabsatz die Abgabe gemäß 19, Ziffer 2 zu erheben.

Minderabsatz.

23.

Ist der Absatz hinter dem in 21. festgesetzten Quantum zurückgeblieben, so ist der betreffenden Firma für jede weniger abgesetzte

Tonne durch den Hauptvorstand aus der Verbandskasse eine Entschädigung von 10 Mk (zehn Mark) auszuzahlen.

Die Auszahlung der Entschädigung für den Minderabsatz muß spätestens mit Schluß des zweiten Monats des neuen Semesters erfolgen.

24.

Haben Mitglieder die Statistik, trotz schriftlicher Erinnerung, nicht rechtzeitig oder gar nicht eingeliefert, so soll bezüglich derselben der doppelte Betrag der zuletzt eingereichten Statistik als Grundlage für die Berechnung und Erhebung des in 19., Ziffer 1 und 2 bezeichneten Abgaben gelten.

Auf Entschädigung für Minderabsatz können solche Firmen einen Anspruch nicht erheben.

25.

Werden die in 19, Ziffer 1 und 2 bezeichneten Abgaben von einem Vereinsmitgliede nach zweimaliger Aufforderung nicht gezahlt, so ist der Vorstand berechtigt, den ausstehenden Betrag aus der von dem betreffenden Mitgliede gestellten Kaution zu entnehmen und, falls dieselbe nicht ausreichen sollte, für Beitreibung des Restes die ihm geeignet erscheinenden Zwangsmittel anzuwenden.

Verbandskasse.

26.

Die Führung der Verbandskasse wird der Berliner Diskontogesellschaft übertragen. Alle Einzahlungen der Werke sind dorthin zu richen. Ausszahlungen erfolgen nur auf Anweisung des Vorsitzenden, welche von einem weiteren Mitgliede des Hauptvorstandes kontersigniert sein muß.

Die Kontrolle über die Kasse führt der Hauptvorstand.

Statistik.

27.

Vierzehn Tage nach Ablauf jeden Monats haben die Verbandsmitglieder dem Vorstande ihrer Gruppe nach einem von dem Hauptvorstande aufzustellenden Formular, nach den in 1. bezeichneten Klassen getrennt, folgende Angaben in bezug auf den abgelaufenen Monat zu machen:

1. Den Gesamtabsatz,
2. den Absatz in den Grenzen des deutschen Zollgebietes,
3. den Versand über die Grenzen des deutschen Zollgebietes.

Die Abgabe an die eigenen Werkstätten zur Weiterverarbeitung für Rechnung Dritter sind unter Ziffer 2 resp. 3 mit aufzunehmen. Der

Gruppenvorstand hat die eingegangene Statistik bis zum 24. jeden Monats dem Hauptvorstande einzureichen, welcher das Gesamtresultat in je einer Summe für jede der unter Ziffer 1, 2 und 3 gemachten Angaben bis zum Ablauf des Monats zur Kenntnis der Verbandsmitglieder zu bringen hat.

Die Angaben der einzelnen Firmen sind im übrigen streng zu sekretieren.

Kontrolle.

28.

Jede Firma ist verpflichtet, einer Vertrauenskommission behufs Prüfung der Richtigkeit ihrer Angaben die Geschäftsbücher vorzulegen, soweit solches zur Vornahme der Prüfung erforderlich ist.

Eine solche Prüfung muß mindestens alle 3 Monate bei jeder Firma vorgenommen werden, die Vorstände haben jedoch das Recht, auch monatliche Revisionen anzuordnen.

Die Vertrauenskommissionen, welche aus 2 Personen zu bestehen haben, werden von den Gruppenvorständen gewählt. Der Gruppenvorstand ist verpflichtet, bezüglich der Zusammensetzung der Kommission, die Wünsche der betreffenden Firmen zu hören. Zu Mitgliedern können auch die Geschäftsführer gewählt werden.

Verwendung der Kassenbestände.

29.

In jedem Falle ist über das Ergebnis der Prüfung ein Protokoll aufzunehmen, welches durch den Vorsitzenden des Gruppenvorstandes dem Vorsitzenden des Hauptvorstandes zur Kenntnis zu bringen ist, im übrigen hat die Kommission über alle ihr bei Vornahme der Prüfung zur Kenntnis gelangten Tatsachen strengste Verschwiegenheit zu beobachten.

Über die Veranlagung oder Verteilung der in der Verbandskasse angesammelten Gelder, insoweit dieselben nicht zur Entschädigung der Minderproduktion (23), zur Deckung der Bureau- und sonstigen Vereinskosten, oder zur Ansammlung bzw. Ergänzung des Reservefonds verwendet worden sind, entscheidet die ordentliche Generalversammlung des Verbandes.

Dieser Restbetrag kann auf Beschluß der Generalversammlung zum Ankauf oder zur Entschädigung von ganz oder teilweise stillzuliegenden Walzwerken innerhalb des deutschen Zollgebietes benutzt werden, zu einem solchen Beschluß ist jedoch zwei Drittel der anwesenden Stimmen erforderlich. Findet eine derartige Verwendung gar nicht oder nur teilweise statt, so muß der Restbetrag mindestens zur Hälfte nach Schluß jedes Semesters unter die Mitglieder nach

Maßgabe des Semesterabsatzquantums, welche die Grundlage für die nach 19, Ziffer 2 zu zahlende Abgabe bildet, verteilt werden.

In der Verbandskasse soll ein Reservefonds von .... Mk. angesammelt werden.

Der Reservefonds ist zinstragend pupillarisch sicher anzulegen und kann auf einen in gleicher Weise wie in Absatz 2 gefaßten Beschluß der Generalversammlung nur zum Ankauf oder zur Entschädigung stillzulegender Walzwerke verwendet werden, er muß aber, wenn eine solche Verwendung stattgefunden hat, wieder ergänzt werden.

Die Verteilung des Reservefonds unter die Verbandswerke erfolgt erst bei Auflösung des Verbandes.

30.

Solange der Verband Korporationsrechte nicht besitzt, werden die etwa angekauften stillzulegenden Werke der Diskontogesellschaft als Vertreterin des Vermögensbestandes des Verbandes überschrieben. Hierüber ist besonderer Vertrag mit der Diskontogesellschaft zu vereinbaren.

Verbandsjahr.

31.

Als Geschäftsjahr des Verbandes gilt das Kalenderjahr vom 1. Januar bis 31. Dezember unbeschadet der Abrechnung pro Semester.

Dauer der Verpflichtung.

32.

Jedes eintretende Mitglied verpflichtet sich, dem Verbande zunächst bis zum 31. Dezember 1888 anzugehören und sich bis dahin allen Anforderungen dieses gegenseitigen Vertrages zu unterwerfen.

Kündigung des Vertrages und Austritt.

33.

Vom Ablauf des Jahres 1887 ab kann der Austritt aus dem Verbande nur mit Ende des Verbandsjahres (31. Dezember 1888) erfolgen, nachdem zuvor in den ersten 6 Monaten (1. Januar bis 30. Juni) desselben Jahres das betreffende Werk dem Geschäftsführer mittels eingeschriebenen Briefes die Absicht, aus dem Verbande auszuscheiden, mitgeteilt hat.

Solange eine Kündigung nicht erfolgt, verlängert sich der Vertrag stillschweigend um ein Jahr und kann nur in den ersten 6 Monaten des Verbandsjahres gekündigt werden. Liegen eine oder mehrere Kündigungen vor, so treten mindestens 3 Monate vor Schluß des Verbandsjahres die übrigen Mitglieder zu einer Generalversammlung zusammen, um über die Auflösung oder Fortsetzung des Verbandes zu beschließen.

Die Auflösung muß erfolgen sobald Firmen, deren in der Verbandsliste vorgemerktes Absatzquantum mehr als 10 Proz. des für das deutsche Zollgebiet bestimmten Gesamtabsatzquantums ausmachen. aus dem Verbande ausscheiden.

Das vorhandene Vermögen des Verbandes wird in solchem Falle unter die Mitglieder nach Maßgabe ihres Absatzes während der letzten zwei Semester verteilt.

Scheiden nur einzelne aus, so wird mit diesen nach denselben Grundsätzen abgerechnet. Falls indessen Immobiliarvermögen vorhanden, haben dieselben auf Auskehrung ihres aliquoten Teils an demselben nur nach Realisierung des oder der betreffendenImmobiliarien Anspruch. Den Zeitpunkt der Realisierung zu bestimmen, bleibt den Verbandsorganen ausschließlich vorbehalten.

Firmen, die in Liquidation, Konkurs geraten, scheiden, wenn damit die Einstellung des Betriebes verbunden ist, aus dem Verbande aus und wird mit dem Ersten des Monats, in welchem die Betriebseinstellung stattgefunden hat, mit dem Verbande abgerechnet.

Einen Anspruch auf das etwa dann vorhandene Immobiliarvermögen des Verbandes haben derartige Firmen nicht.

Besitzwechsel.

34.

Tritt ein Verbandsmitglied das Besitzrecht an seinem Werke in irgendeiner Form ab, so soll es gehalten sein. seinen Nachfolger zum Verbleiben in dem Verbande zu verpflichten.

Kaution.

35.

Jedes Werk hinterlegt bei der Verbandskasse (Berliner Diskontogesellschaft) eine Kaution von 1000 Mk. (buchstäblich tausend Mark) für jede seiner in die Verbandsliste eingetragenen Stimmen (17. u. 18.). Diese Kaution kann entweder in puppilarisch sicheren Wertpapieren zum Nominalwert, oder in einem oder mehreren Wechseln, welche zwei solide Unterschriften tragen, bestellt werden.

Strafbestimmungen.

36.

1. Ein Verbandsmitglied, welches über die Höhe seines Absatzes bezüglich der an die Verbandskasse zu zahlenden Abgaben unrichtige Angaben gemacht hat, hat für die Differenz pro Tonne 20 Mk. (zwanzig Mark), in minimo jedoch 1000 Mk. (tausend Mark) zu zahlen. (Das

Abrunden der Jahresproduktion nach dem nächst höheren Hundert von Tonnen soll nicht als falsche Angabe aufgefaßt werden.)

Ein Werk, welches den Einblick in seine Geschäftsbücher verweigert, oder die Vertrauenskommission absichtlich täuscht (28.), verliert zugunsten des Verbandes seine Kaution.

3. Wenn ein Werk die in 27 vorgeschriebene Statistik nicht zu der dort bestimmten Zeit bei dem Geschäftsführer eingeliefert hat, so hat es für jeden Tag der Versäumnis eine Ordnungsstrafe von Mk. an die Verbandskasse zu entrichten.

Die Strafe zu 1. wird vom Hauptvorstande, die unter 2. und 3. bezeichneten Strafen von den Gruppenvorständen festgestellt, welche jedoch das Recht haben, die Strafen ganz oder teilweise zu erlassen.

Werden die rechtskräftig gewordenen Strafen nicht 8 Tage nach Eingang der Aufforderung zur Zahlung von der Firma abgeführt, so werden die Beträge aus der betreffenden Kaution genommen.

Beginn des Vertrages.

37.

Dieser Vertrag tritt mit dem .... in Kraft. Das erste Verbandsjahr schließt mit dem ....

Auflösung des Verbandes und Liquidation des Vermögens.

38.

Die Auflösung des Verbandes kann nur nach Maßgabe der Bestimmungue 33. erfolgen.

Im Falle der Auflösung wird die Liquidation des etwa vorhandenen Verbandsvermögens durch eine Liquidationskommission, bestehend aus dem ersten Vorsitzenden des Hauptvorstandes und den Gruppenvorsitzenden, herbeigeführt.

Eigentumsrecht neueintretender Mitglieder.

39.

Neu hinzutretende Mitglieder haben nur Anspruch auf denjenigen Teil des Verbandsvermögens, welcher nach ihrem Eintritt erworben wird. Erfolgt der Eintritt im Laufe des Semesters, so ist eine Regulierung des Vermögensanspruches resp. bezüglich der Höhe des zur Zeit des Eintritts vorhandenen Verbandsvermögens zwischen dem Vorstande und dem Mitgliede vorbehalten.

Verbindliche Unterschrift.

40.

Jedes Werk erhält 2 Exemplare dieses Vertrags und sendet das eine Exemplar mit seiner Unterschrift an den Geschäftsführer zur Eintragung und Aufbewahrung zurück.

Übergangsbestimmungen.

41.

Die in der ersten Generalversammlung des Verbandes, wie in den ersten Generalversammlungen der Gruppen gewählten Mitglieder der Vorstände, sowie die von diesen gewählten Vorsitzenden haben ihr Amt bis zum Ende des Geschäftsjahres zu verwalten.

42.

Die Erklärung, dem Verbande beitreten zu wollen bzw. die Unterzeichnung des Vertrages soll für die betreffende Firma nur verbindlich sein, wenn durch die beigetretenen Firmen 90 Proz. des für das deutsche Zollgebiet bestimmten Jahresabsatzquantums an den in 1. bezeichneten Walzwerksprodukten gedeckt sind.

Skala und Verkaufsbedingungen.

43.

Die Einführung einer allgemeinen bindenden Skala und Verkaufsbedingungen, sowie die Festsetzung von Minimalverkaufspreisen sollen angestrebt werden.

Die Kommission.

Direktor Lueg, Oberhausen II,
L. Bicheroux, Bonn,
Direktor Cöninx, Düsseldorf,
Eduard Elbers, Hagen i. W.,
Direktor Frank, Düsseldorf,
„ Friedrich, Duisburg,
„ Göcke, Ruhrort,
„ Heinrichs, Dortmund,
„ Kirdorf, Rothe Erde bei Aachen,
„ Serväs, Laar bei Ruhrort,
„ August Thyssen, Mülheim (Ruhr),
„ Vehling, Schalke.

Anlage 2.

Einigungsvorschlag zur Bildung eines Stabeisensyndikats.

Die unterzeichneten Werke erklären sich bereit, in Gemeinschaft mit sämtlichen Werken des Stahlwerksverbandes ein Stabeisensyndikat zu gründen unter folgenden Bedingungen:

1. Syndiziert wird alles zum Verkauf dem In- und Auslande gelangende, sowie für den eigenen Bedarf der Verbandswerke bestimmte und von diesen hergestellte:

Stab-, Band-, Universal-, Röhrenstreifen-, Fasson- und Ausschußeisen in Flußeisen, Flußstahl, Schweißeisen und Schweißstahl in Stangen, Bürden oder Ringen — jedoch nur insoweit, als das Walzerzeugnis bei den auch dem Walzdrahtverbande angehörenden Werken nicht schon syndiziert ist. Ausgenommen hiervon sind alle Walzfabrikate, welche der Stahlwerksverband gemäß seinen Satzungen zu Produkten rechnet.

2. Der Verkauf der vorgenannten, kurzweg mit „Stabeisen" bezeichneten Walerzeugnisse erfolgt durch die Verkaufsstelle des Verbandes. Diese soll jedoch in Ausnahmefällen, wenn der Vertrieb durch unmittelbare Verhandlung zwischen dem erzeugenden Werk und seinem Abnehmer als notwendig oder auch nur als zweckmäßig erscheint, ersteren den Verkauf zu übertragen. Die so vermittelten Geschäfte unterstehen aber im übrigen den Bestimmungen des Verbandes in jeder Hinsicht.

3. Die Kontrolle der unter 1. fallenden Erzeugnisse darf nur durch eine durchaus unabhängige, allgemein als streng rechtlich und gewissenhaft bekannte Persönlichkeit vorgenommen werden. Über den Inhalt der zur Kontrolle vorgelegten Aufzeichnungen ist seitens des Vertrauensmannes Diskretion zu beachten. Dieser hat auch die von den Werken angegebenen Beteiligungsziffern zu prüfen.

4. Die bisherigen Beziehungen zwischen den einzelnen Verbandsmitgliedern und ihren Abnehmern, insbesondere in Spezialitäten, sind grundsätzlich aufrecht zu erhalten dergestalt, daß der Abnehmer das Stabeisen von seinem bisherigen Lieferanten geliefert bekommt, sofern letzterer nicht in Pflicht ist und nur aus diesem Grunde Anspruch auf Zuweisung eines derartigen Auftrages nicht erheben darf.

5. Den Verbandsmitgliedern dürfen nur Lieferungen in solchen Walzerzeugnissen nach Qualität und Fasson übertragen werden, welche in ihren bisherigen Walzprogrammen enthalten sind, andere Sorten nur dann, wenn das betreffende Werk sich in Ermanglung eines anderen früheren Lieferanten hierzu bereiterklärt. Demgemäß kann kein Werk gezwungen werden, ein bisher von ihm nicht hergestelltes Qualitäts- oder Fassoneisen anzufertigen.

Die Werke sind dagegen verpflichtet, Lieferungen nach Maßgabe ihres bisherigen Walzprogramms zu übernehmen, wenn die Verkaufsstelle ihnen solche überträgt.

Des weiteren ist bei Zuteilung von Aufträgen den bisherigen Produktionsbedingungen der einzelnen Werke Rechnung zu tragen, so daß die einzelnen Walzenstraßen jedes Werkes wie seither möglichst gleichmäßig beschäftigt sind.

6. Bei eventueller Abnahme des Absatzes an Schweißeisen ist den bisherigen Lieferanten von Schweißeisen Ersatz in Flußeisen zu

geben, und zwar im Verhältnis von 1 zu 2 mit Rücksicht darauf, daß in gleichem Zeitraum auf derselben Walzenstraße die mehrfache Menge von Flußeisen an Stelle von Schweißeisen gewalzt werden kann.

7. Das gesamte Stabeisen (siehe 1.) wird zerlegt in:
1. Stabschweißeisen,
2. Stabflußeisen,
3. Bandeisen,
4. Röhrenstreifen.

Jede dieser 4 Kategorien stellt eine besondere Abteilung dar, welche die für das betreffende Erzeugnis erforderliche Verkaufsorganisation und die Einzelbestimmungen beschließt.

Bezüglich des Eintritts der Bandeisenwerke wird auf deren Denkschrift vom 29. März 1905 an den Vorsitzenden des Stahlwerksverbandes verwiesen.

8. Die Skalenüberpreise werden bei Bildung des Stabeisenverbandes von den Abteilungen der verschiedenen Kategorien für die Dauer des Verbandes festgesetzt, können also ohne deren Zustimmung nicht geändert werden.

9. Alle Skalenüberpreise für Qualitäten, Dimensionen, Profile und Minderqualitäten verbleiben den liefernden Werken, sowie auch die vorzusehenden Überpreise für Schweißeisen, Bandeisen, Röhrenstreifen über Flußstabeisengrundpreis. Der nach Abzug der Überpreise und der Unkosten sich ergebende durchschnittliche Netto-Flußeisengrundpreis (siehe 10.) wird den einzelnen Werken ausgekehrt. Nähere Bestimmungen hierüber sind noch zu treffen.

10. Der Stahlwerksverband verpflichtet sich, den reinen Walzwerken das von diesen benötigte Halbzeug quantitativ und qualitativ auf Grund der am 1. April cr. geltenden Skala, die für hartes Material noch zu ergänzen wäre, zu liefern, und zwar zu folgenden Grundpreisen für normale weiche Qualität. Regelung der Schnittpunkte bleibt vorbehalten. Der Preis des Halbzeugs regelt sich nach dem erlösten durchschnittlichen Flußstabeisen-Grundpreis für In- und Ausland derart, daß bei einem Grundpreis von 120 Mk. Durchschnitt ab Werk der Preis für Vorblöcke 82,50 Mk. ab Schnittpunkt eines jeden Werkes beträgt, und bei einem Minder- oder Mehrerlös der Halbzeugpreis um $^2/_3$ der Differenz pro Tonne ermäßigt oder erhöht wird.

Der Grundpreis wird für jedes Kalendervierteljahr festgestellt wie folgt. Von dem Erlös werden abgezogen:

a) Die Überpreise (siehe 9.), berechnet nach der Inlandsverbandsskala zuzüglich des Aufpreises für Schweißstabeisen bzw. Bandeisen, bzw. Röhrenstreifen abzüglich des üblichen Rabattes.

b) Etwaige Skonti und Provisionen.

c) Die Unkosten des Verbandes.

Auch für den Export wird verfahren wie unter a) angegeben, d. h. von dem Erlös wird der Überpreis nach der Inlandsskala abgezogen, ebenso nach b) und c).

Dann wird die von der Abrechnungsstelle auf das exportierte Quantum durchschnittlich per Tonne gewährte Ausfuhrvergütung zugezogen und der hiernach sich ergebende Stabeisengrundpreis in die Verrechnung eingebracht. Der Betrag, der sich aus Inlands- und Auslandsfakturen in vorstehender Weise errechnet durchschnittlich ergibt, ist der für die Feststellung der Halbzeugpreise maßgebende Stabeisengrundpreis. Sinkt jedoch der Stabeisengrundpreis unter 95 Mk., so ermäßigt sich der Halbzeugpreis nicht um $^2/_3$, sondern um die volle weitere Abnahme des Stabeisengrundpreises. Voraussetzung ist, daß die bisherigen Unterschiede zwischen den Grundpreisen für Rohblöcke, Vorblöcke, Knüppel, Platinen und Breiteisen unverändert bleiben.

11. Zwischen den Grundpreisen für Schweiß- und Flußeisen muß eine Spannung von mindestens 15 Mk. per Tonne aufrecht erhalten werden.

12. Es ist anzustreben, daß alle noch ausstehenden Werke auf gleicher Grundlage dem Stabeisensyndikat beitreten. Solange das nicht der Fall ist, müssen die Verkaufspreise für Stabeisen so gestaltet werden, daß der Absatz der Verbandswerke gegenüber außenstehenden Werken nicht geschmälert wird. Ferner muß der Stahlwerksverband die außenstehenden Walzwerke im bezug von Halbzeug wesentlich ungünstiger stellen als die Verbandswerke. Desgleichen wird vorausgesetzt, daß der Stahlwerksverband sowohl wie die Werke des Stahlwerksverbandes, welche gleichzeitig Mitglieder des Roheisensyndikats bzw. des Kohlensyndikats sind, bei ihren bezüglichen Syndikaten dahin wirken, daß die Verbandswerke auch in bezug auf den Preis für Roheisen (Siegener und Luxemburger Qualität), sowie für Kohlen und Koks günstiger gestellt werden, als die außenstehenden Werke.

13. Bei einem Grundpreiserlös von 120 Mk. für Stabflußeisen ist für die Verbandswerke ein Roheisenpreis von nicht über 56 Mk. für Siegener bzw. 56 Fr. für Luxemburger Qualität vorzusehen. Eine Veränderung der Frachtbasis für Qualitätsroheisen bleibt dabei vorbehalten.

14. Den vom Verbande kaufenden Werken der weiteren Verarbeitung sind, auch wenn sie nicht im Verbande zusammengeschlossen sind, für den Export angemessene Ausfuhrvergütungen zu gewähren.

15. Etwaige in diesem Schriftstück noch nicht klargestellte Punkte behalten wir einer späteren Feststellung vor.

Anlage 3.

Revidierter Vertrag der Rheinisch-Westfälischen Stabeisenhändlervereinigung.

Die nachstehenden Firmen, nämlich:

Oskar Armann, Bochum,
Ed. Gust. Baeker & Co., Essen,
Gebr. Bieben, Eisenhandlung, Duisburg,
Burmeister & Storn, Herne,
Ed. Dettmann, Bochum,
Eisenhandelsgesellschaft Schmitz & Co., Essen,
Heinr. Farbach, Duisburg,
Joh. Hennes, Ruhrort,
Gebr. Hilgenberg, Essen,
Louis Horlohe, Ruhrort,
H. & F. Klein, Gelsenkirchen,
Aug. Knepper, Duisburg,
König & Eickmeier, Buer,
Carl Lohmar, Oberhausen,
Mülheimer Handelsgesellschaft m. b. H., Mülheim-Ruhr,
Ostermann & Viefhaus, Bochum,
Georg Röhrscheidt, Gelsenkirchen,
Heinr. Rumpf, Haltern,
Schneider & Rossenbeck, Essen,
Rob. Schulte-Herbrüggen, Essen,
Steffens Nölle & Co., G. m. b. H., Essen,
Viktor Steimer, Steele,
Gebr. Storp, Essen,
Strässer & Co., Duisburg,
Velten & Nölle, Bochum,
Herm. Viefhaus, Gelsenkirchen,
Velten & Vermeulen G. m. b. H., Recklinghausen,
Jul. Waskönig, Hattingen,

erkennen die heute gültigen Bestimmungen bis zum 30. September 1912 als gültig an, vereinbaren aber mit Wirkung vom 1. Oktober 1912 folgenden Vertrag:

1.

Die Beteiligten handeln mit Stabeisen aller Art, Bandeisen, Blechen, Hufeisen, Kapselachsen und Hufnägeln.

Der Zweck des Vertrages ist:

1. einen unlauteren Wettbewerb in diesen Artikeln unter sich auszuschließen und bei Nichtmitgliedern zu bekämpfen,

2. der Mühe und dem Risiko angemessene Verkaufspreise für dieselben zu erzielen,
3. ein einheitliches Vorgehen der Nichtmitglieder anzustreben.

2.

Jeder Beteiligte verpflichtet sich, den übrigen Beteiligten gegenüber die jeweils für obige Artikel festgesetzten Mindestpreise und die sonst gefaßten Beschlüsse einzuhalten.

3.

Der Vertrag erstreckt sich auf alle Offerten und Lieferungen der obigen Materialien vom Lager, sowie auf Offerten und Lieferungen vom Werk, sofern diese letzteren sind:

unter	2500	kg	bei Stabeisen	(Flußeisen),
..	2500	„	„ „	(Schweißeisen).
..	2500	..	.. „	(Hufstabeisen).
..	1000	..	.. Bandeisen,	
..	1000	„	.. Blechen.	

Ein Durchschnittspreis für Lieferungen ab Werk und vom Lager darf nicht gemacht werden. Größere Verbraucher, die in einer besonderen Liste zusammengestellt sind, gelten als Bonifikanten. Für die Berechnung der Überpreise sind für die Bonifikanten und Nichtbonifikanten gesonderte Überpreislisten herausgegeben.

Zechen und Mitglieder der kartellierten Händler-Vereinigungen sind frei. Nicht der Vereinigung angehörende Händler sind als Bonifikanten zu betrachten und ist diesen die Verpflichtung aufzuerlegen, nicht unter dem festgesetzten Mindestpreise weiter zu verkaufen. Bei der Berechnung von Durchschnittspreisen sind die Stäbe auf 6 m, die Bunde auf 50 kg anzunehmen. Mindermengenaufpreise fallen fort.

4.

Das Konventionsgebiet wird wie folgt festgelegt:

Im Süden bildet die Grenze die Luftlinie Bockum-Angermund-Lintorf-Gösel-Mettman-Velbert-Witten, die genannten Orte ausschließlich, im Westen bildet die Grenze der Rhein bis Walsum, im Norden die Luftlinie Dinslaken-Dorsten, von dort die Lippe, im Osten wird das Gebiet begrenzt durch die westliche Grenze des Landkreises Dortmund. Der Platz Haltern und Umgebung ist in das Konventionsgebiet einbezogen, ebenso die an der östlichen, nördlichen und westlichen Grenze gelegenen Orte mit Ausnahme von Dinslaken und Dorsten.

5.

Die Mindestgrundpreise und Verkaufsbedingungen werden, so oft dies die Marktlage erfordert, festgesetzt. Hierzu finden in gewissen

Abständen Versammlungen der Mitglieder statt. Die Einladung zu den Versammlungen erläßt der Vorsitzende des zu wählenden Ausschusses, im Verhinderungsfalle dessen Stellvertreter mindestens 5 Tage vor der Versammlung. Über event. bevorstehende Preisänderungen und Bestimmungen darf der Kundschaft vorher keinerlei Mitteilung gemacht werden.

Ausnahmepreise für begrenzte Gebiete auf beschränkte Zeit unterliegen der Genehmigung der Vollversammlung.

6.

Die Einberufung einer Versammlung unterliegt dem Ermessen des Vorsitzenden, muß aber stattfinden auf schriftlichen Antrag von mindestens 6 Beteiligten. Zu derselben kann jeder Beteiligte Anträge einbringen, dieselben müssen aber vorher schriftlich dem Vorsitzenden eingereicht werden. Über die Anträge wird mit $^2/_3$ Mehrheit entschieden. Eine Versammlung ist beschlußfähig, wenn mehr als die Hälfte der Mitglieder anwesend ist.

Jeder Beteiligte, auch derjenige, welcher in der Versammlung nicht zugegen und nicht vertreten war, hat sich den gefaßten Entschlüssen zu unterwerfen. Den Vorsitz in der Versammlung führt der Vorsitzende der Vereinigung, im Verhinderungsfalle dessen Stellvertreter. Jede Firma hat eine Stimme, der Rekurrent ist nicht stimmberechtigt, abwesende Firmen können sich durch einen schriftlichen Bevollmächtigten vertreten lassen. Alle Beschlüsse sind für die Mitglieder streng verbindlich, sie sind geheim zu halten und dürfen ohne Einverständnis der Gesamtheit nicht in die Öffentlichkeit gebracht werden.

7.

Über den Verlauf einer jeden Versammlung wird ein Protokoll aufgenommen und im Protokollbuch eingetragen. Jedes Protokoll ist von dem Leiter der Versammlung und mindestens zwei Mitgliedern zu unterschreiben.

8.

Die Generalversammlung wählt alljährlich im Dezember aus ihrer Mitte den Vorsitzenden und einen Stellvertreter, welche im Namen aller Beteiligten der Kürze wegen unter dem Namen „Rheinisch-Westfälische Stabeisenhändler-Vereinigung“ sowie mit jedem einzelnen Beteiligten namens aller übrigen Beteiligten korrespondieren. Die General-Versammlung wählt ferner mindestens 5 Mitglieder in den Ausschuß, welcher mit den beiden Vorsitzenden den Vorstand bildet. Der Vorstand führt die Geschäfte der Vereinigung und vertritt dieselbe im Verkehr mit den übrigen kartellierten

Stabeisenhändler-Vereinigungen. Er verpflichtet durch seine Beschlüsse rechtsverbindlich seine Mitglieder in allen Fällen, die in diesem Vertrage nicht der Beschlußfassung vorbehalten sind. Die Beschlüsse des Vorstandes müssen einstimmig gefaßt sein. Der Vorstand ist beschlußfähig bei Anwesenheit von 4 Vorstandsmitgliedern. Zur Zeit besteht der Vorstand aus folgenden Personen:

1. Wilh. Nölle in Essen, Vorsitzender,
2. Clemens Hilgenberg in Essen, stellvertr. Vorsitzender,
3. Heinr. Fahrbach in Duisburg,
4. Dr. von Lohr in Duisburg,
5. W. Raskog in Bochum,
6. Georg Röhrscheidt in Gelsenkirchen,
7. J. Walter in Recklinghausen,
8. Fritz Windgassen in Mülheim-Ruhr,

(3.–8.: Ausschußmitglieder.)

9.

Die Dauer der Vereinigung ist auf unbestimmte Zeit festgesetzt. Das Geschäftsjahr läuft vom 1. Januar bis 31. Dezember. Jedes Mitglied kann durch eingeschriebenen Brief an den Vorsitzenden mit dreimonatlicher Frist vor Schluß des Geschäftsjahres kündigen. Wird eine Kündigung nicht eingereicht, so läuft die Mitgliedschaft auf ein weiteres Jahr weiter und so fort. Für die Dauer der Kündigungsfrist findet eine Enthebung von den eingegangenen Verpflichtungen nicht statt.

10.

Abschlüsse für Lagerbezüge dürfen nur mit Bonifikanten und nur auf 3 Monate getätigt werden, und zwar auf Grund der festgelegten Preise und Bedingungen. Vor der jeweiligen Verkaufsfreigabe dürfen Abschlüsse mit Bonifikanten nicht gemacht werden. Derartige Abschlüsse sind unter Einsendung der Offert- und Abschlußbriefe und Kopien der neutralen Stelle anzumelden.

11.

Für die Dauer der Zugehörigkeit der Vereinigung zum Kartell der Stabeisenhändler-Vereinigungen von Rheinland und Westfalen sind die Bestimmungen des Kartellvertrages und die in den Kartellversammlungen gefaßten Beschlüsse für die Mitglieder bindend.

12.

Bei Lieferungen zu konventionswidrigen Preisen und Bedingungen ist für jeden einzelnen Fall eine Strafe von 20 Proz. des ganzen Rechnungsbetrages an die Vereinigung zu zahlen, mindestens aber 50 Mk. Bei satzungswidrigen Offerten tritt in jedem Falle eine Strafe von 50 Mk. ein. In den Fällen, wo ein Mitglied zur Zustandebringung eines Geschäftes absichtlich oder in einer Absicht gleichzustellenden Weise direkt oder indirekt eine Vergünstigung einräumt, tritt für jeden Fall eine Strafe von 500 Mk. ein.

Die Untersuchung der Übertretungsfälle geschieht durch einen vom Vorstand der Vereinigung ernannten Herrn. Dem betr. Herrn sind, ohne jede Einrede, die von ihm verlangten Schriftstücke und Buchungen, die auf den Fall Bezug haben, vorzulegen. Verweigerung der Einsicht und Nichteinbringung der Unterlagen gilt als Geständnis und ist unter allen Umständen als straffällig anzusehen.

Die Straffestsetzungen erfolgen durch eine vom Vorstand zu ernennende Dreierkommission, bestehend aus 3 Mitgliedern der Vereinigung mit Stimmenmehrheit. Über die Verwendung der eingegangenen Strafbeträge beschließt die Generalversammlung. Die Zahlung der Strafen hat an den Vorsitzenden zu erfolgen, welcher die empfangenen Beträge bei der städtischen Sparkasse in Essen niederzulegen hat.

13.

Bei allen aus diesem Vertrage hervorgehenden Streitigkeiten einschließlich der Unterbietungsfälle entscheidet ein Schiedsgericht nach dem § 1025 ff. der Zivilprozeßordnung endgültig. Wird von einem ordnungsgemäß bestraften Mitglied die Strafe nicht bezahlt und auch innerhalb 8 Tagen nach Zustellung des Urteils ein Schiedsgericht nicht angerufen, so hat der Vorsitzende oder sein Stellvertreter das Recht, seinerseits ein Schiedsgericht anzurufen. Der Schiedsrichter für die Vereinigung wird vom Vorstand ernannt. Die zu ernennenden Schiedsrichter ernennen ihrerseits einen Obmann für den Fall, daß sie sich nicht einigen können. Falls ein durch die Versammlung bestraftes Mitglied die endgültige Entscheidung durch ein Schiedsgericht wünscht, hat es vorher 100 Mk. zur Deckung der Unkosten beim Vorsitzenden zu hinterlegen, die es zurückerhält, falls es obsiegt. Eine Anrufung des ordentlichen Gerichtes gegen einen Entscheid des Schiedsgerichtes ist ausgeschlossen.

14.

Die Unkosten der Geschäftsführung werden zu gleichen Teilen von den Kontrahenten getragen. Der Vorsitzende ist berechtigt, die Beträge je nach Bedarf einzufordern.

Vorstehenden Vertrag habe ... $\frac{\text{ich}}{\text{wir}}$ nach Vorlesung und genauer Durchsicht unterschrieben und in allen Teilen genehmigt, ebenso ist ein Exemplar in gleichem Wortlaut in $\frac{\text{meinem}}{\text{unserem}}$ Besitz.

Essen-Ruhr, den .... 1912.

Anlage 4.

Kartell-Vertrag der Stabeisenhändler-Vereinigungen Rheinlands und Westfalens.

Die Stabeisenhändler größerer Bezirke Rheinlands und Westfalens haben sich zu folgender Gruppe zusammengeschlossen, und zwar bestehen:

1. die Linksrheinische Stabeisenhändler-Vereinigung, Sitz Neuß,
2. die Düsseldorfer Stabeisenhändler-Vereinigung, Düsseldorf,
3. die Berg.-Märkische Stabeisenhändler-Vereinigung, U.-Barmen,
4. die Rheinisch-Westfälische Stabeisenhändler-Vereinigung, Essen;

die Stabeisenhändler-Vereinigung

5. des Regierungsbezirkes Köln, Sitz Köln,
6. des Bezirkes Koblenz, Sitz Koblenz,
7. des Siegerlandes und angrenzender Bezirke, Sitz Siegen,
8. die Nord-Westfälische Gruppe, Sitz Münster,
9. die Mittelwestfälische Gruppe, Sitz Paderborn,
10. die Nordrheinische Stabeisenhändler-Vereinigung, Wesel.

Zweck. Der Zweck ist: Bei Lagerverkäufen von Stabeisen aller Art, sowohl Fluß- wie Schweißeisen, Qualitätseisen, Hufstab, Bandeisen und Eisenblechen den schädigenden Wettbewerb unter den Mitgliedern auszuschließen und auch bei Nichtmitgliedern zu bekämpfen, ferner alle sonstigen Maßnahmen zu treffen, um dem Handel nachteilige Zustände zu beseitigen, sowie der Mühe und dem Risiko angemessene Verkaufspreise für die genannten Handelsartikel zu erzielen. Ferner bezweckt der Verband die Verständigung über Maßnahmen und deren Ausführung zur Erreichung gemeinsamer Ziele auf wirtschaftlichem, rechtlichem und sozialem Gebiet.

Vertretung. Der Vorstand wird vertreten durch den jährlich zu wählenden Vorsitzenden und dessen Stellvertreter — im laufenden Jahre Herrn O. Everling, Düsseldorf, und Herrn W. Nölle in Essen, deren Amtszeit bis 1. Januar 1909 läuft, sowie durch die Vorsitzenden der einzelnen Gruppen, eventuell deren Stellvertreter, sowie die Ausschußmitglieder.

Einberufung von Versammlungen. Zu den Versammlungen, die der Vorsitzende nach Bedarf einberuft, die aber auch auf Antrag einer Gruppe anberaumt werden müssen, kann jede Gruppe Anträge einbringen, sie müssen aber dem Vorsitzenden so frühzeitig bekanntgegeben werden, daß die Tagesordnung noch rechtzeitig, möglichst 8 Tage vor der Sitzung in die Hände der Gruppenvorstände gelangen kann.

Abstimmung. Über die Anträge wird mit einfacher Stimmenmehrheit entschieden. Jede ordnungsmäßig einberufene Versammlung ist beschlußfähig. Jede Gruppe, auch die etwa nicht vertretene, hat sich den gefaßten Beschlüssen zu unterwerfen.

Für die einzelnen Gruppen stimmt deren Vorsitzender ab, jede Gruppe hat also eine Stimme. Bei Stimmengleichheit entscheidet die Stimme des Kartell-Vorsitzenden.

Beschlüsse. Alle Beschlüsse sind für die Verbandsmitglieder streng verbindlich, die Verhandlungen und Beschlüsse sind streng geheim zu halten.

Protokolle. Über den Verlauf jeder Sitzung ist ein Protokoll abzufassen, welches von den anwesenden Vorstandsmitgliedern zu unterzeichnen ist.

Jeder Gruppe wird eine ihrer Mitgliederzahl entsprechende Anzahl Protokolle zugestellt.

Preisbestimmungen. Die für dem Abkommen unterliegenden Artikel von den verbündeten Gruppen festgesetzten Preise gelten für alle Lieferungen in jedem Quantum ab Lager, sowie für Lieferungen ab Werk, sofern diese letzteren sind:

unter 2500 kg bei Flußstabeisen,
„ 2500 „ „ Puddeleisen,
„ 2500 „ „ Hufstabeisen und Qualitäts-Puddeleisen,
„ 1000 „ „ Eisenblechen,
„ 1000 „ „ Bandeisen.

Bei Gewichtsberechnungen von Spezifikationen sind Gebunde zu 50 kg und Stablängen zu 6 m anzusetzen.

Kombinierte Aufträge. Ein Zusammenlegen dieser verschiedenen Materialgruppen oder die Stellung eines Durchschnittspreises für kombinierte Aufträge zur Lieferung an und ab Werk ist unstatthaft.

Frankolieferung. Die Verbandsgruppen sind verpflichtet, ihre Preise so zu stellen, daß die Mindestgrundpreise für Bezüge ab Lager der Mitglieder sind, sie gelten frachtfrei Bahn- oder Schiffsstation des Empfängers, und steht es dem Absender frei, die Sendung franko Haus des Kunden zustellen zu lassen.

Fuhrlohnvergütung. Läßt der Kunde die Sendung von der Bahn- oder Schiffsstation selbst abholen, so darf ihm dafür eine Vergütung von 2 Mk. per Tonne bewilligt werden. Diese Fuhrlohnvergütung ist aber nicht bei dem Preise in Abzug zu bringen, weder bei Offerten noch bei der Rechnung, es ist nur statthaft, daß sie am Schluß der Rechnung oder bei der Regulierung in Abzug gebracht wird.

Bei Abholung vom Lager wird kein Fuhrlohn vergütet.

Ausnahmestellung des Remscheider Bezirks. Eine Ausnahmestellung haben vorläufig noch die Plätze Remscheid, Lüttringhausen, Wermelskirchen, Kronenberg, Küllenhahn, Lennep, Ronsdorf, Burg; den dort wohnenden Verbrauchern darf für die Abholung vom Lager 3 Mk. per 1000 kg vergütet werden.

Preisänderung. Bei beabsichtigter Preisänderung seitens einer Gruppe hat sie dem Kartellvorsitzenden ihre Absicht bekanntzugeben, dieser beruft die Vorstände und Ausschußmitglieder sämtlicher kartellierter Gruppen zu gemeinsamer Besprechung, und erst nach stattgefundener Aussprache hat die Gruppe das Recht, die Preisänderung vorzunehmen.

Einheitliche Preise. Es sollen unter sämtlichen Gruppen des Kartells oder doch wenigstens in zusammenliegenden größeren Gebieten, in denen gleiche oder verwandte Bezugs- und Absatzbedingungen herrschen, möglichst einheitliche Preise angestrebt werden.

Zahlungsbedingungen für Bonifikanten. Für die Bonifikanten und im Preise gleichgestellten Händler gilt als Zahlungsbedingung: Ziel drei Monate fix oder Barzahlung bis zum 15. des der Lieferung folgenden Monats $1^1/_2$ Proz. Skonto.

Für Nichtbonifikanten. Die den übrigen Abnehmern zu gewährenden Zahlungsbedingungen müssen die üblichen sein, einen Auftrag zu erlangen durch Gewährung zu hohen Skontos, oder zu lang ausgedehnten Zahlungszieles, oder durch sonstige Mittel, welche dem dem Sinne der Vereinbarung widersprechen, gilt als Verstoß gegen den Vertrag und ist straffällig.

Geschenke. Geschenke an Kunden und deren Angestellte dürfen künftig nicht mehr gewährt werden.

Abschlüsse mit Bonifikanten. Abschlüsse für Lagerbezüge dürfen nur mit den Bonifikanten und nur auf 3 Monate getätigt werden, und zwar auf Grund unserer festgelegten Preise und Bedingungen.

Abschlüsse mit Behörden. Eine Ausnahme machen die Behörden, mit denen Abschlüsse auf ein Etatsjahr getätigt werden dürfen. Die Festlegung der Preise für Behörden bleibt den einzelnen Gruppen überlassen, sie dürfen aber die Bonifikantenpreise nicht unterschreiten.

Gegenseitiger Preisschutz. Die von jeder einzelnen Gruppe des Kartells für ihr Gebiet festgelegten Preise und Bestimmungen, soweit sie dem Abkommen unterliegen, sind von sämtlichen übrigen Gruppen bei Lieferungen in das Gebiet der verbündeten Gruppen zu halten.

Lieferungen an Filialen und Nichtmitglieder. Wenn eine Firma, die Mitglied unserer Vereinigung ist, eine Filiale unterhält oder gründet — wenn auch unter anderm Namen — oder irgendeine Interessengemeinschaft schließt, hat sie dafür zu haften, daß diese Nebenbetriebe unsere Preise und Bestimmungen genau einhalten.

Das gleiche gilt bei Lieferungen an Händler mit und ohne Lager, die nicht unserer Vereinigung angehören; sie dürfen wenn sie sich unter Strafe verpflichten, unsere Preise und Bestimmungen zu halten, zu Bonifikantenpreisen und Bedingungen bedient werden.

Kommen die belieferten Firmen trotz der auferlegten Verpflichtung den Verbandsbedingungen nicht nach, so ist ihnen die Lieferung von Verbandsmaterial vorzuenthalten, sie sind den Mtigliedern bebekanntzugeben und zu bekämpfen.

Verhalten gegenüber den Forderungen der Schmiede. Händler, welche keiner Händervereinigung angehören und im Gegensatz zu der Stellungnahme des Kartells der Stabeisenhändler dem Bund rheinischer Schmiede-Vereinigungen, den einzelnen Schmiedevereinigungen oder deren Mitgliedern, oder etwa noch neu auftretenden Einkaufsgenossenschaften oder dergleichen andern Handwerkskorporationen gegenüber sich verpflichten, die von dem Kartell der Stabeisenhändler abgelehnten Forderungen anzunehmen resp. die im Widerstreit mit den kartellierten Stabeisenhändlern liegenden Verbraucher mit Verbandsmaterial zu beliefern, dürfen von Stabeisenhändlern des Kartells nicht beliefert werden.

Die Behandlung der zur Zeit der Tätigkeit dieses Kartellvertrages akuten Schmiedebundsfrage sowie die Stellungnahme zu derselben, bleibt dem Kartell vorbehalten.

Mitglieder der kartellierten Händlergruppen dürfen mit dem Schmiedebund, dessen einzelnen Mitgliedern oder sonstwie auftretenden Korporationen oder Einkaufsgenossenschafen u. dgl. keinerlei Sonderabkommen treffen.

Kartellrechte. Es ist dem Kartell vorbehalten, alle Verhandlungen zu führen, Vereinbarungen zu treffen, welche nicht interne Angelegenheiten der einzelnen Gruppen sind.

Austritt aus dem Kartellverband. Wenn eine dem Kartellverbande angehörende Gruppe aus dem Verband auszuscheiden wünscht, hat sie das Verhältnis mit sechswöchiger Frist vor jedem Quartalsschluß zu kündigen. Die übrigen Gruppen haben dann Beschluß zu fassen, ob das Kartell unter ihnen weiter bestehen soll und welche Maßnahmen der ausgeschiedenen Gruppe gegenüber zu treffen sind.

Auflösung einer Gruppe. Bei Auflösung einer Gruppe sind deren einzelne Mitglieder verpflichtet, bei Lieferungen nach den andern Bezirken die Preise und Bedingungen dieser Gruppen bis zum Ablauf der vorgenannten Kündigungsfrist zu halten.

Strafbestimmungen. Bei Verfehlungen gegen diesen Vertrag oder die gemeinsam gefaßten Beschlüsse hat jedes Mitglied für jeden einzelnen Fall der Zuwiderhandlung fünfzig Mark, und bei Verstoß gegen die Einhaltung der Mindestpreise eine Vertragsstrafe von 15 Proz. des ganzen Rechnungsbetrages über die vertragwidrig angebotene oder fakturierte Lieferung, mindestens jedoch fünfzig Mark an die Vereinskasse derjenigen Gruppe zu zahlen, in deren Gebiet die Verfehlung vorgekommen ist.

Untersuchung von Verfehlungen. Die Untersuchung der Übertretung unserer Verbandsbestimmungen und Festsetzung der zu zahlenden Strafen erfolgt durch eine Kommission, bestehend aus den ersten Vorsitzenden der Gruppen bzw. deren Stellvertretern unter Hinzuziehung der beteiligten Firmen.

Es müssen stets sachlich unbeteiligte Kommissionsmitglieder in der Mehrheit entscheiden. Bei möglicher Stimmengleichheit ist ein weiteres Kommissionsmitglied aus den Vorständen der sachlich unbeteiligten Gruppen zu wählen.

Austausch von Preislisten usw. Die einzelnen Gruppen sollen ihre Bestimmungen und Preislisten unter sich in den Mitgliedern entsprechender Anzahl austauschen und von neu gefaßten Beschlüssen einander unverzüglich Kenntnis geben.

Kosten der Geschäftsführung. Die Unkosten der Geschäftsführung tragen die verbündeten Gruppen zu gleichen Teilen, und zwar hat die Gruppe vorläufig 100 Mk. an den Vorsitzenden einzusenden, der über die Verwendung Rechnung ablegt.

Anlage 5.

Gemeinsame Bestimmungen für den Verkehr zwischen dem Bunde Rheinischer und Westfälischer Schmiedevereinigungen und dem Kartell der Stabeisenhändler-Vereinigungen von Rheinland und Westfalen.

Das Stabeisenhändler-Kartell hat dem Schmiedebund weitestgehende Unterstützung in seinen Bestrebungen zur Hebung des Schmiedehandwerks und Besserung der wirtschaftlichen Lage seiner

Mitglieder zugesichert. Um das Verhältnis zu einem nutzbringenden zu gestalten, ist folgendes vereinbart:

1. Der Schmiedebund hat für sämtliche ihm angeschlossenen Vereinigungen ein Normalstatut einzuführen, welches von ungesetzlichen Forderungen frei sein muß.

2. Der Schmiedebund hat dahin zu wirken, daß seine Mitglieder anstatt der seither vielfach üblichen jährlichen Abrechnung zunächst halbjährlich und sobald als tunlich vierteljährlich Arbeitsrechnungen ausstellen und dementsprechend auch die Regulierungen der Bezüge bei den Eisenhändlern vornehmen.

3. Die dem Bunde angehörigen Schmiedemeister sind verpflichtet, ihren Bedarf an Stabeisen, Hufstabeisen, Bandeisen und Eisenblechen nur von dem Eisenhändler-Kartell angehörigen Firmen zu beziehen, wobei möglichst alle dem Vertrag beigetretenen Eisenhändler zu berücksichtigen sind. Auch ihren Bedarf in sonstigem Material, wie Wagenbau- und Hufbeschlagartikel, Schrauben, Nieten und sonstige Eisenwaren versprechen die Bundesmitglieder nur von dem Eisenhändler-Kartell angehörigen Firmen und ortsansässigen Kleineisenwaren- bzw. Spezialgeschäfte, die sich verpflichten, die Bestrebungen des Schmiedebundes zu unterstützen, zu kaufen. Alte Geschäftsverbindungen mit auswärtigen Spezialgeschäften, soweit diese die Bestrebungen der Bundesmitglieder durch Belieferung von Nichtmitgliedern nicht durchkreuzen, sollen dabei geachtet werden; wird aber nachgewiesen, daß diese Geschäfte auch an Nichtmitglieder liefern, so ist der Bezug bei ihnen zu unterlassen.

4. Der Bundesvorstand hat geeignete Maßnahmen zu treffen, seine Mitglieder zur Einhaltung der eingegangenen Verpflichtungen nötigenfalls zu zwingen.

5. Das Kartell der Stabeisenhändler-Vereinigungen von Rheinland und Westfalen verpflichtet seine Mitglieder, Stabeisen, Hufstäbe, Bandeisen und Eisenbleche an die dem Schmiedebund nicht angehörigen Berufsschmiedemeister und die vom Bund gesperrten Schmiedebetriebe nicht zu liefern, und zwar in allen den Kreisen, in welchen zwei Drittel der Berufsschmiedemeister dem Bunde angehören.

Auch verpflichten sich die dem Stabeisenhändler-Kartell angehörigen Händler, welche Wagenbau- und Hufbeschlagartikel führen, auch diese, den Kartellbestimmungen nicht unterliegenden Artikel an die vom Bunde gesperrten Schmiede nicht zu liefern.

5. Absatz 2 ist nicht angenommen worden von den Gruppen Barmen, Düsseldorf, Münster, Paderborn und Rheydt (für ihre Gruppen).

6. Als Berufsschmiede sind zu betrachten nicht nur alle Betriebe, die der Schmiedeberufsgenossenschaft angehören, sondern auch alle

solche, wenn auch andern Genossenschaften angehörenden ausgesprochenen Schmiedebetriebe, welche Arbeiten ausführen, die für gewöhnlich von Berufsschmieden erledigt werden.

7. Das Stabeisenhändler-Kartell gibt seinen Mitgliedern nach Kreisen geordnete Listen der dem Bunde nicht angehörigen bzw. vom Bunde gesperrten Schmiede, die monatlich ergänzt werden, die Zu- und Abgänge sind den Mitgliedern des Kartells sofort zu Beginn eines jeden Monats bekanntzugeben.

8. Das Verfahren bei zu beantragender Sperre ist folgendes: Dem Bunde noch nicht angehörende oder neu anfangende Schmiede werden zunächst von Vorstandsmitgliedern der betreffenden Schmiedevereinigung besucht, um den Beitritt zu bewirken, gegebenenfalls unter Unterstützung eines im Bezirk wohnenden interessierten Eisenhändlers, dem die Mitwirkung seitens des Kartells zur Pflicht gemacht wird. Über solchen Besuch ist, wenn er vergeblich ist, an den Vorsitzenden des Schmiedebundes zu berichten. Diesem Bericht, welchem der Antrag zur Sperre angefügt ist, muß die Bescheinigung des mitwirkenden Eisenhändlers über die Erfolglosigkeit der Bemühungen beigegeben sein. Der Bundesvorsitzende verhängt dann die Sperre und beantragt beim Vorsitzenden des Kartells bzw. dessen Vertreter die sofortige Bekanntgabe der Sperre an die Mitglieder des Kartells.

Sperrungsanträge seitens der Vereinigungen müssen am Monatsende in Händen des Bundesvorsitzenden sein, im Laufe des Monats eingehende Anträge werden erst am Monatsende berücksichtigt.

Beschlüsse über Aufhebung von Sperren sollen dem Vorsitzenden des Bundes und dem Kartellvorsitzenden sofort angezeigt und den in Betracht kommenden Händlern unverzüglich mitgeteilt werden, damit beigetretene Schmiede nicht länger als unbedingt erforderlich von der Sperre betroffen sind.

9. Bei den Beitrittserklärungen sollen die vom Bund vorgeschriebenen Meldeformulare verwendet oder diesen dem Inhalt nach entsprechende Schriftstücke eingesandt werden.

10. Zeigt ein Händler den Beitritt eines Schmiedebetriebes an, so hat er auch dafür aufzukommen, daß der erste Jahresbeitrag wie auf die Einschreibegebühr entrichtet wird, die Anmeldung hat erst nach Eingang dieser Beträge Gültigkeit.

11. Die Mitglieder des Stabeisenhändler-Kartells verpflichten sich, Radreifenstäbe und Hufstabeisen an Privatleute und Landwirte ohne eigene Schmiede nur dann zu liefern, wenn sie einen Bestellschein eines dem Schmiedebund angehörigen Schmiedemeisters vorweisen. Die Belieferung von etwa neu auftretenden landwirtschaftlichen Schmie-

den, die nur zu dem Zweck ins Leben gerufen wurden, den dem Bunde angehörigen Schmiedebetrieben die Arbeit zu entziehen, ist nicht gestattet.

12. Das Kartell der Stabeisenhändler hat seine Mitglieder durch geeignete Maßnahmen nötigenfalls zu zwingen, die dem Schmiedebund gegenüber eingegangenen Verpflichtungen zu erfüllen.

13. Für den Verkehr der beiden Interessengruppen untereinander ist eine Kommission eingesetzt, bestehend aus dem für diesen Zweck vom Stabeisenhändler-Kartell bestimmten Stellvertreter des Vorsitzenden und je einem Beisitzer von jeder Gruppe, und dem Vorsitzenden des Schmiedebundes nebst den vom Bunde bestimmten Beisitzern. beiderseits bis zur Höchstzahl von 6 Kommissionsmitgiedern · außer dem Vorsitzenden. Den Vorsitz bei den Verhandlungen der Kommission führt der stellvertretende Kartellvorsitzende, wecher auch das Sitzungsprotokoll anzufertigen und zu versenden hat.

14. Bestrafungen von Eisenhändern seitens des Schmiedebundes durch Verhängung von Geldbußen sind unstatthaft, Beschwerden und Bestrafungsanträge sind bei den Kommissionssitzungen oder direkt beim Kartellvorsitzenden anzubringen.

15. Die vom Eisenhändler-Kartell über seine Mitglieder wegen Verfehlungen gegen dieses Abkommen verhängten Gedbußen sollen an die Bundeskasse der Schmiede abgeführt werden.

16. Die Kommissionssitzungen werden vom Vorsitzenden nach Bedarf anberaumt, eventuell auf Antrag des Bundesvorsitzenden.

Anlage 6.

Vorschläge des Generaldirektors Eich für die Syndizierung der B-Produkte.

1. Die Syndizierung aller B-Produkte erfolgt gleichzeitig auf einer einheitlichen Grundlage. Die gesamte Summe aller B-Produkte zuzüglich aller A-Produkte darf nicht höher sein, als die Gesamtstahlproduktion eines Werkes zuzüglich der Zukäufe in Stahl- oder Halbfabrikaten, die innerhalb der Einschätzungszeit nachgewiesenermaßen angeboten worden sind.

2. Die Einschätzungszeit ist einheitlich für sämtliche Werke aus den letzten 6, 9 oder 12 Monaten zu wählen, am besten aus den letzten 12 Monaten. Maßgebend für die Einschätzungszeit ist der Versand aus ausschließlich eigener Erzeugung. Der Versand aus zugekauften B-Produkten zählt nicht mit. Die auf diese Weise ermittelte Beteiligung wird an dieser Stelle als Besitzquote bezeichnet.

3. Neben dieser Besitzquote werden die Werke eingeschätzt nach ihrer Leistungsfähigkeit, wobei die Gesamtleistungsfähigkeit in B-Produkten zuzüglich der Quote an A-Produkten im Stahlwerksverband die Gesamtvorstellung Rohstahl minus Abbrand und Schrot nicht übersteigen darf. Es folgen Bedingungen über die Ermittlung der Leistungsfähigkeit.

4. Zuweisungen an diese Leistungsquote aus den angegebenen Bestellungen erfolgen erst, wenn die Besitzquote erfolgt ist, indessen nimmt, wie in der letzten Ziffer ausgeführt werden soll, diese Leistungsquote an dem Nutzen der Verbände teil.

5. Die vorerwähnte Gewinnbeteiligung der Leistungsquote am Nutzen der Syndikate ist in der Weise gedacht, daß die heutigen Preise für sämtliche B-Produkte den Ausgangspunkt zur Gewinnermittlung des Syndikates bieten, mit anderen Worten, daß die heutigen Satzpreise die Verrechnungspreise der Syndikate werden, mit der Maßgabe, daß bei Eintritt einer Materialverteuerung ein entsprechender Zugang und bei Materialverbilligung ein ebensolcher Abzug erfolgt. Zu berücksichtigen ist ferner, daß Qualitäts-, Dimensionen und sonstige Überpreise, die im wilden Wettbewerb untergegangen sind, aber bei der Syndizierung sofort wieder aufleben, den Werken separat gutgeschrieben werden müssen. Den übrigbleibenden Syndikatspreisen wird der heutige Marktpreis der einzelnen Fabrikate gegenübergestellt und die daraus sich ergebende Differenz als disponibler Verkaufsgewinn des Syndikats bezeichnet werden. An diesem Verkaufsgewinn partizipieren die Besitzquote und die Leistungsquote.

6. Sobald der Absatz der Syndikate über die Besitzquote hinausgeht, erfolgt die Zuweisung des Plus nach Maßgabe der Leistungsquote, und damit ändert sich von Zeit zu Zeit oder von Jahr zu Jahr auch die Gewinnberechnung.

7. Sämtliche Werke müssen die Verpflichtungen eingehen, innerhalb der Syndikatsdauer keine neuen Anlagen zu schaffen, solange die Leistungsquote sämtlicher Werke durch die Verkäufe des Syndikats noch nicht erfüllt ist. Ist der Konsum in die Leistungsfähigkeit hineingewachsen, oder sieht die Syndikatsleitung den Zeitpunkt dafür voraus, so tritt eine dritte Quote ins Leben, nennen wir sie die Bauquote. Es wird unterstellt, daß das Syndikat von einem bestimmten Zeitpunkt ab von den Werken eine um 25 Proz. größere Gesamtleistung verlangen müsse. An diesen 25 Proz. neuer Produktion sollen sämtliche Werke beteiligt werden, nach Maßgabe ihrer Besitzquote. Es soll den Werken gestattet sein, die ihnen aus dieser 25proz. Gesamtbauquote zufallenden Anteile an andere Syndikatsmitglieder

zu verkaufen. Als Maximalvergütungspreis für die Abgabe solcher Bauquoten soll die Hälfte des in der vergangenen Syndikatsdauer an die Mitglieder verteilten Tonnengewinns gelten.

8. Der Produktionsschutz vom Stahlwerksverband gegenüber den reinen Walzwerken und von den reinen Walzwerken gegenüber dem Stahlwerksverband, andrerseits der reinen Walzwerke und der Stahlwerksverbandswerke unter sich müßte ein vollkommener werden. Sämtliche Syndikatswerke müssen die Verpflichtung übernehmen, an neu entstehende Konkurrenz die Lieferungen von Rohmaterial oder Halbzeug nur im Einvernehmen mit den B-Verbänden zu liefern.

9. Es soll vorgesehen werden, daß ein Produktionsausgleich innerhalb verwandter Produktionen erfolgen darf, wenn der Absatz in dem einen oder andern Fabrikat zurückbleibt, dagegen in verwandten Fabrikaten ein Mehrabsatz vorhanden ist.

10. Die Syndikate müssen selbstverständlich, was sich ja schon aus der Zusammenfassung der ganzen Produktion ergibt, das In- und Ausland umfassen. Ob die In- und Auslandpreise durcheinander gerechnet, oder ob die Inlands- und Auslandserlöse getrennt behandelt und der Inlandskonsum für den Auslandskonsum eine Abgabe zahlt, kann Gegenstand der Verhandlungen sein.

11. Voraussetzung für einen vollen wirtschaftlichen Erfolg dieser Vorschläge ist eine Dauer der Verbände von mindestens 10 Jahren.

Anlage 7.

Daten zur Geschichte der Organisationsbestrebungen in Stabeisen-Fabrikation und -Handel.

A. Fabrikation.

1879	Einführung der Schutzzölle. Erste Versuche zur Bildung einer Stabeisenkonvention.
1885	Statutenentwurf zur Gründung eines Generalkartells der Eisenindustrie unter Mitwirkung von Thyssen und Adolf Kirdorf (Anhang, Anlage A).
1886	Gründung einer Verkaufsvereinigung in Oberschlesien.
1887	
April	Gründung des Verbandes oberschlesischer Walzwerke.
Juni	Gründung des Rhein.-westfälischen Walzwerkverbandes.
Oktober	Gründung des Deutschen Walzwerkverbandes.
1888—1893	**Aera des Deutschen Walzwerksverbandes.**
1893	Auflösung des Rheinisch-westfälischen Walzwerkverbandes und des Deutschen Walzwerkverbandes.

1894 Gründung des Schlesisch-mitteldeutschen Walzwerksverbandes.
1895 Gründung des Halbzeugverbandes der großen gemischten Werke.
1896/97 Stabeisenkonvention.
1899 Bildung der Vereinigung rheinisch-westfälischer Schweißeisenwalzwerke und der Vereinigung rheinisch-westfälischer Bandeisenwalzwerke.
1900/02 Erfolglose Verhandlungen zur Erneuerung des Deutschen Walzwerksverbandes.
1902 Rheinisch-westfälische Roheisen-Einkaufs-Vereinigung durch 23 reine Walzwerke.
Stabeisen-Vereinigung der rheinisch-westfälischen, Saar-, Mosel- und süddeutschen Werke.
Verein zur Wahrung der Interessen der Halbzeugverbraucher.
Ende Febr. 1904 **Gründung des Stahlwerksverbandes: Syndizierung der A-Produkte; Kontingentierung der B-Produkte.**
Gründung des Oberschlesischen Stahlwerksverbandes mit Syndizierung von Stabeisen.
1905 Siegener Stabeisen-Vereinigung.
Erhöhung der Beteiligungsziffer der Stahlwerksverbandswerke für die B-Produkte.
Vertragsentwurf Mannstaedt - Kirdorf für ein Stabeisensyndikat.
1908 Stabeisen - Preiskonvention der lothringisch - luxemburgischen Werke.
Denkschrift der reinen Werke zur Einführung von Einfuhrscheinen.
Gegendenkschrift des Stahlwerksverbandes.
1909 Vorschlag Hoesch zur Bildung eines Stabeisen-Halbkartells.
1910/11 Stabeisenkonvention der Stahlwerksverbandswerke; Kompromißvorschläge Hoesch - Stumm zum Ausbau der Konvention.
1911 Gründung einer Preiskonvention der Saar-Lothringer und Luxemburger Werke unter Führung von Stumm.
1912 Verlängerung des Stahlwerksverbandes unter Aufgabe der Kontingentierung der B-Produkte.
1912/14 Syndizierungsbestrebungen in B - Produkten; Anträge Stumm - Haßlacher; Vertragsentwurf Eich zur Schaffung einer Gesamtorganisation der Eisenindustrie.

1915	Neuer Vorschlag Müller-Stumm zur Bildung eines Rohstahlverbandes.
1916	Ausfuhrverbot für Eisen- und Stahlerzeugnisse; Errichtung der Zentralstelle für Ausfuhrbewilligungen für Stabeisen.
	Gründung des Deutschen Stahlbundes.
1917	Errichtung eines Stabeisenverbandes für das Inland unter Mitwirkung der Regierung.

B. Handel.

1886	Bildung von lokalen Stabeisenhändler-Vereinigungen.
1897	Gründung des Verbandes Deutscher Eisenwarenhändler.
1899/1903	Berliner Stabeisenhändler-Vereinigung.
1906/09	Berliner Stabeisenhändler-Konvention.
1909/13	Vereinigung der Berliner Stabeisenhändler, G. m. b. H.
Ab 1913	**Berliner Stabeisen-Verkaufskontor.**
1906	Gründung der Linksrheinischen Vereinigung der Stabeisenhändler.
	Rheinisch-westfälische Stabeisenhändler-Vereinigung.
1908/12	Kartell der Stabeisenhändler-Vereinigungen von Rheinland und Westfalen.
1908/12	Bund rheinischer u. westfälischer Schmiedevereinigungen.
Ab 1915	**Westdeutscher Eisenhändler-Verband, G. m. b. H.**
1916	Errichtung der Eisenzentralstellen für Kriegsbedarf.

Druck: Otto Wigand'sche Buchdruckerei G. m. b. H., Leipzig

FSC
www.fsc.org
MIX
Papier | Fördert gute Waldnutzung
FSC® C083411

Kolibri 360 GmbH
Ferdinand-Jühlke-Straße 7
99095 Erfurt, Deutschland
produktsicherheit@kolibri360.de